成功法则

# 羊皮卷

宋犀堃 编著

扫码收听全套图书

扫码点目录听本书

四川人民出版社

图书在版编目(CIP)数据

羊皮卷 / 宋犀堃编著. —成都 : 四川人民出版社,
2020.4(2023.8 重印)
(成功法则)
ISBN 978 -7 -220 -11828 -9

Ⅰ. ①羊… Ⅱ. ①宋… Ⅲ. ①成功心理 - 通俗读物
Ⅳ. ①B848.4 -49

中国版本图书馆 CIP 数据核字(2020)第 055140 号

YANGPI JUAN
羊皮卷
宋犀堃/编著

| | |
|---|---|
| 责任编辑 | 任学敏 |
| 技术设计 | 松　雪 |
| 封面设计 | 松　雪 |
| 责任印制 | 周　奇 |
| 出版发行 | 四川人民出版社(成都市三色路 238 号) |
| 网　　址 | http://www. scpph. com |
| E - mail | scrmcbs@ sina. com |
| 新浪微博 | @ 四川人民出版社 |
| 微信公众号 | 四川人民出版社 |
| 发行部业务电话 | (028)86361653　86361656 |
| 防盗版举报电话 | (028)86361661 |
| 印　　刷 | 三河市宏顺兴印刷有限公司 |
| 成品尺寸 | 143mm × 208mm |
| 印　　张 | 5 |
| 字　　数 | 116 千 |
| 版　　次 | 2020 年 4 月第 1 版 |
| 印　　次 | 2023 年 8 月第 13 次 |
| 书　　号 | ISBN 978 -7 -220 -11828 -9 |
| 定　　价 | 150.00 元(全五册) |

# 前 言

古时候，在纸张发明以前，西方国家的人们习惯把值得珍藏的智慧书写在羊皮卷上，借以显示这些传世经典在人们心目中无上的地位。

1925 年，奥格·曼狄诺出生于美国东部一个平民家庭，完成了正常的教育后，建立了家庭。 28 岁时，他无法再安于长久以来的平淡生活，开始像一匹脱缰的野马一样毫无理性地瞎撞，酗酒、打架斗殴、夜不归宿……无所不至。 最后在一次冲动中犯下了不可饶恕的错误，并因此失去了家庭、工作和房子。

有一次，奥格·曼狄诺到教堂向一位神父忏悔，并表达了自己悔改的决心。 神父深受感动，给了他许多安慰。 临别时，神父递给他一张小纸条，并说道：“孩子，你要寻找的答案都在里面。”

回去后，奥格·曼狄诺打开纸条，只见上面罗列着 15 本书的名字：

《人性的弱点》（美）戴尔·卡耐基；《思考致富》（美）

拿破仑·希尔；《唤起心中的巨人》（美）安东尼·罗宾；《最伟大的力量》（美）马丁·科尔；《思考的人》（英）詹姆斯·艾伦；《钻石宝地》（美）拉塞尔·康维尔；《向你挑战》（美）廉·丹佛；《你是第一位的》（美）罗伯特·林格；《鼓舞人心的剪贴本》（美）阿尔伯特·哈伯德；《不要听别人的话》（日）堀场雅夫；《爱的能力》（美）艾伦·佛罗姆；《人生光明面》（美）诺曼·文森特·皮尔；《最伟大的励志书》（美）奥里森·马登；《自己拯救自己》（英）塞缪尔·斯迈尔斯；《投资自我》（美）奥里森·马登

奥格·曼狄诺跑遍全城的图书馆，借来了这 15 本书，夜以继日地反复研读。奥格·曼狄诺依照着 15 本书所介绍的原则立身处世，他百折不挠、愈挫愈勇，终于在他 44 岁的时候取得了成功。

当别人问他成功的原因时，他向人们展示了当年神父给他的纸条，并表示：这就是指引他成功的“羊皮卷”。

现在，我们从指引奥格·曼狄诺成功的 15 本书中选取了《思考致富》《唤起心中的巨人》《最伟大的力量》《最伟大的励志书》《投资自我》，辑成一册，同时为便于国内读者阅读，编者对部分原书重新进行编辑加工，适当增加国内读者喜闻乐见的身边的故事，以拉近本书与国内读者的距离。相信这部浓缩了人类智慧精华的人生锦囊会改变你的命运，助你走向成功。

2020 年 2 月

# 目 录

# CONTENTS

扫码点目录听本书

第四篇　最伟大的励志书

(美)奥里森·马登

## 第五篇　投资自我

（美）奥里森·马登

# 第一篇

# 思考致富

（美）拿破仑·希尔

扫码收听全套图书

扫码点目录听本书

## 靠欲望致富

5 年的时间，埃德温·巴尼斯在苦苦寻觅等待的机会出现后终于脱颖而出。在那些苦苦等待的时间中，没有任何迹象表明他的愿望会实现，除了他本人以外，每个人都认为他只不过是爱迪生企业结构中一个不起眼的角色罢了。但巴尼斯可不这么想，从他开始在此工作的第一天起，他便自认为是爱迪生的事业伙伴。

这个不平凡的例子证明了坚定明确的意愿具有无穷的力量。巴尼斯完成了他的目标，因为他别无所求，一心一意只想成为爱迪生的事业伙伴。他拟订一套完整的计划，并按计划达到目标。同时，他也破釜沉舟，切断一切退路。支撑他的就只是心中的信念，直到这股成功的欲望成为引导他的生命之舵，并且最终成为现实。

当他抵达橘市时，他不是对自己说："我将尽力说服爱迪生随便给我个工作。"而是告诉自己："我要见爱迪生，并让他知道，我是来和他一起经营事业的。"

## 人要有强烈的致富欲望

我将来一定会赚到大钱的。
30年后
请问您是如何发家致富的呢?
我从小就认为自己长大后一定会发财，所以一直给自己积极的心理暗示，这在我的成功道路上发挥了至关重要的作用。
可是认为自己会成功的人数不胜数，您是如何脱颖而出的呢?
把对财富的愿望转成现实的财富需要踏踏实实地努力，有明确目标并愿意付出比他人更多的努力，随时反思自己离目标还有多远，才能鞭策你切实地获得财富。
原来是这样，受教了。

他没有说："我先试着在那里工作几个月，如果没有进展，我就辞职去别处找工作。"而是说："我可以从任何地方开始。在我成功之前，我可以做爱迪生交给我的任何工作。"

他没有说："我还要留意其他机会，以防我无法在爱迪生机构中得到我想要的。"而是说："我这辈子只有一个心愿，就是成为托马斯·爱迪生的事业伙伴。我愿破釜沉舟，断绝一切退路，用我的未来做赌注，去争取我所要的。"

他不给自己留半点退路。他必须成功，否则就是死路一条。

巴尼斯就是靠这点成功的。

很久以前，由于形势紧迫，项羽必须做出抉择，结果大获全胜，那么他到底是怎么做的呢？当时他率领士兵对抗极强悍的敌人，而且对方人数远超过他们。可是他一点儿也没有畏惧，他命令士兵上船，驶向对岸，到达后卸下士兵和装备，即下令凿沉这些船只。第一场战役前，他对士兵说："你们都看到了，船已沉没，只有获胜，我们才能活着离开。现在，我们别无选择——不是胜利，便是灭亡。"

结果，他们胜了。

任何想成功的人，都必须要有破釜沉舟的决心，斩断后路。唯有如此，才能确保那种渴望胜利的炽烈欲望。而那正是保证成功的根本要素。

1. 财富的驱策力

"芝加哥大火"发生后的第二天上午，一群商人站在斯代特大街上，看到自己的商店变成了残垣废墟。他们开会讨论是重建，还是离开芝加哥到其他更具潜力之处另起炉灶。后来，他们一致决定离开芝加哥，除了一个人。

决定留下重建的商人，指着自己商店的瓦砾碎片说：“各位，不论还有多少次像这样悲惨的可能，我都要在这里盖起全世界最大的商店。”

时隔50年，这个人做到了。而且直到今天，那座大楼还在那里，像一座高耸的纪念碑，象征着炽烈欲望的心灵力量。马歇尔·菲尔德当时当然也有其他选择，就像他的商人朋友们所做的一样，当路途崎岖难行，前途渺茫，他们便抽身而退，选择一条看来似乎较好走的路。而当时只有马歇尔·菲尔德，选择了这条崎岖难行的路，但也只有他成功了。

好好记住马歇尔·菲尔德和其他商人之间的差异，因为，正是这种差异造成了埃德温·巴尼斯与其他年轻人的区别，也形成了成功者与失败者的区别。

一旦了解到金钱的作用，谁都会祈愿拥有它，但光“祈祷”是不会带来财富的，关键是要把“渴望”财富的心态，变成“唯一的信念”，然后制订出追求财富的明确方案与计划，并且以绝不认输的毅力来实施那些计划，如此一来，便会带来财富。

2. 欲望变黄金的六个步骤

把对财富的欲望转化为实际的财富，包含六个明确而实际的步骤：

第一，想好自己渴望拥有多少金钱。只说“我想要有足够的钱”是不够的，数目要明确（这种明确性有其心理学的道理，后面的章节里会有所涉及）。

第二，想清楚得到这些金钱必须付出的代价（天下可没有“免费的午餐”）。

第三，设定你决心赚到这笔金钱的明确日期。

第四，拟订达成目标所需的明确计划，并立即付诸行动。

第五，用纸笔记录下以上四点。

第六，每天大声朗读此计划两次，起床后一次，睡前一次。朗读时，试着让自己看到、感觉到，并相信已拥有这笔金钱。

无论如何，你必须切实遵循以上六个步骤，尤其是第六个步骤。你也许会抱怨，因为在你实际得到这笔钱之前，你不可能预见自己成功后会有钱，此时就要有炽烈的欲望来激励你。如果你真的十分强烈地渴望变得有钱，你需要将你的这种欲望演变为坚定不移的意念，你便会毫不怀疑地深信自己会得到它。你的目标是要得到这笔钱，你必须强化自己的决心，这就会使你“相信”自己一定会得到它。

只有那些具有“金钱意识”的人才能积累大量财富。

## 靠信心致富

自我暗示有助于我们将欲望转化为财富。而这种自我暗示其实就是信心。信心是一种心理状态，它可借不断肯定的潜意识或反复提示而产生，即通过自我暗示而产生或创造自信心。

举例来说，想想你读此书可能的目的。你无非就是想寻找实现梦想的方法。遵循本书指示去做，你便能使自己深信将会获得所求的一切，同样，你的潜意识也会回传给你一股“信心”，帮助你实现愿望。

很难描述该如何培养人的信心，因为这就像给一个从来没看过颜色的盲人描述红色一样，描述时没有参照物。信心是一种心理状态，你熟悉本书所述的原则后，你便可依自己的意志去产生它，因为它就是通过运用这些原则，随意志而产生的一种心理状态。

不断地向潜意识发出肯定的信号，是促使信心自发形成的唯一方式。

下面的叙述或许可以让你更清楚信心的含义。一位著名的犯罪学家曾说：“人们第一次接触罪行时，通常会感到憎恶。但假如他们持续不断地接触一段时日后，他们便会习以为常。再继续接触够久的话，他们最后便会拥抱它，并为罪行所控制。”

这个道理也适用于积极正面之事。如果不断向潜意识传送信号，它们最终都将被接受，并由潜意识做出回应，进而以最实际可行的步骤去实现愿望。

有关这点，请再想想这句话：所有情感化的（被赋予感觉的）意念，如果有信心的支持，将立即转化为与之相等的物质报酬。

意念中的情感或“感觉”的部分，能赋予意念活力和生命，并使我们付诸行为。带有意念冲动的信心、爱，将比任何单一的情绪都更具有行动力。

凡是融合了积极正面的或消极负面的情绪的意念，都会到达并影响我们的潜意识。

1. 没人“注定”一生倒霉

如果消极负面的情绪不断被传送至潜意识，潜意识会让人做出消极的行为。这点足以解释数百万人经历的所谓“不幸”或“倒霉”的各种情况。

有数百万人相信自己“注定”贫穷失败，而且他们自己无法控制。其实不幸是他们自己创造的，因为他们具有消极负面的信念，当它传至潜意识后，就会转化为实质的对等物。

因此，我们要再三强调，如果你不断将任何你希望能转化为实物或金钱对等物的欲望传达至潜意识的话，你便终能获益，因为处在那种期望或深信的状态下，你真的会产生变化。信念或信心使潜意识采取行动。当你通过自我暗示下达命令时，没有任何东西能妨碍你“说服”自己的潜意识。

要使这种“说服”更真实，在你叩响潜意识之门时，不妨表现得仿佛你已拥有梦寐以求的实质物品一样。

有信心时下达的任何命令，潜意识都会以最直接且切实可行的方式，来执行这项命令，使其转化为实质的对等物。

当然，我已说了许多，为了使你做好心理准备，可以开始通过亲身体验或行动，去获得将信心与传至潜意识的指令相融合的能力。所谓熟能生巧，你必须在实践中操作，光靠阅读这些指示是见不到效果的。

由积极正面情绪主导的心灵，有利于信心的产生，以此种方式主导的心灵，可随意对潜意识下达命令，潜意识会立即接受并采取行动。

2. 自我暗示引发信心

一直以来，宗教都是教化在苦难中挣扎的人类，要对任何事都“有信心”，还教授他们各种教规、信条，但它却无法告诉人们要如何才能建立信心。它没有指出“信心”其实是一种可以经由自我暗示引发出来的心理状态。

我们将用通俗易懂的文字叙述有关此项原则，希望能帮助缺乏信心者产生信心。

- 相信自己，信任永恒。
- 开始任何事之前，提醒自己一次：信心是一剂“永恒的特效药”，它为意念冲动注入生命、力量和行动力。

以上句子值得你读上两遍、三遍，甚至四遍，并且应该大声朗读！

信心是聚积财富的起点；信心是所有“奇迹”的基础；信心是治疗失败的唯一良药；信心是一种元素，一种“化学成分”，当它与冥想融合时，能使人产生无穷的智慧；信心是一种要素，能将人类有限心灵所创造的平凡意念转化为对等的精神力量；信心也是一种媒介，只有通过它，人们才能掌握并利用智慧的力量。 这些并不是空话套话，当你真的这样去有信心地面对一切时，你会发现它们真的很对。

## 靠知识致富

第一次世界大战期间，一份芝加哥报纸刊登了某些社论，说亨利·福特是“无知的和平主义者”。福特先生知道后，对这种说法感到非常生气，并控告该报纸毁谤他。当在法庭上审判此案时，报社律师为了证明报社的言论，坚持让福特本人走上证人席，目的是想向陪审团证明福特的无知。律师问了福特许多问题，所有问题都旨在由福特自身证实，虽然他可能有相当多关于汽车制造专业方面的知识，但对所有其他方面的知识，他显得很无知。

福特当时被问到的问题如下：

“谁是本尼迪克特·阿诺德”以及“1776 年，英国派遣多少士兵到美洲平息叛乱”。回答第二个问题时，福特先生说：“我不清楚英国派遣的士兵的准确数目，但我听说，去的数目要比回来的数目大多了。”

最后，福特对一连串无聊的问题感到不耐烦了，在回答一个相当具有攻击性的问题时，他身向前倾，手指发问的律师说：

“你的这些问题真的愚蠢透了，如果我真想回答，那么我告诉你，我只要按前面的这些电钮，我立刻能招来助理人员协助我，回答你想问的任何愚蠢的问题。现在，你能否回答我，当我周围随时有人能为我提供我所需的任何知识时，我为什么要塞一堆普通知识在脑中呢？”

福特的那个回答的确充满逻辑和智慧。

那个回答也难倒了发问的律师。法庭上的人一致认为，能回答的人绝非无知之人，而且他的见识过人。真正有学问的人知道从哪里获取知识，也知道如何把知识组织成明确的行动计划。通过“智囊团”的帮助，亨利·福特掌控了所有他需要的知识，创造了一番不平凡的事业。因此，他根本没有必要自己去掌握全部知识。

1. 你能得到所需要的任何知识

拥有提供服务、商品或技术等方面的专业知识，是你将自己的能力和欲望转变为金钱对等物的前提，只有这样你才能借以获取财富。或许你所需要的专业知识远超过你的能力或喜好，如果真是这样的话，你可借助于“智囊团”，以弥补自己的不足。

安德鲁·卡耐基也曾坦言，就个人而言，他对钢铁的技术方面的知识知道得并不是很多，同时，他也并不特别想知道这些。因为他认为他所需要的钢铁生产和销售的专业知识都可借“智囊团”获得，所以完全没必要自己去掌握。

积累财富需要有相应的专业知识，但是，真正成功积累财富的人，却不需要完全具备这类知识。

有些人本身并未受过必要的“教育”，没有足够的自身工作所需的专业知识，但他们却充满了发财致富的雄心壮志，对这类人来说，前面的这些文字一定让他们受益匪浅。也许有些人因没受过“教育”而感觉十分自卑，但其实，一个人若懂得组织且领导一个掌握积累财富专业知识的“智囊团”的话，他就能拥有同样的知识。如果你因为所受的学校教育有限，总是感觉自卑，那么记住这点对你非常重要。

托马斯·爱迪生一生也只接受了三个月的学校教育，但他不仅有知识，而且也没有死于贫困。

亨利·福特的受教育程度很低，连六年级都没读到，但他却凭借后来的努力，取得了斐然的成绩。

专业知识是人能获得的最丰富的服务！你有时并不需要自己全部掌握它们，因为有很多具备此条件的人能为你服务。

### 2. 如何获取知识

首先，确定你所需的专业知识以及需要它的目的。你的人生目的、你努力不懈的方向，都有助于你决定你所需要的知识。然后，你需要了解那些知识来源的途径和方法。以下是一些重要来源：

①个人获得的经验和教育。

②可通过与他人（智囊团）的合作获取经验。

③就读的学校。

④公共图书馆（书籍和期刊中经别人整理的知识）。

⑤特殊培训课程（尤其是夜校和函授学校）。

获得所需知识后，组织整理你所需要的部分，并且通过实际计划，应用它来达到你的目标。除非你将知识应用于有价值的目的，否则便徒劳无功。

如果你想进一步接受学校教育，先确定你寻求这些知识的目的，然后经由可靠来源寻找能获得这种特殊知识的方法，以便你在学校能更快掌握它。

成功的各行业人士，他们都永不会停止吸取和其目标、生意或职业有关的专业知识。不成功的人通常存在一种错误观念，他们认为从学校毕业就代表不需要再学习新的知识了。事实上，学校教育只是教给你获取知识的方法而已。

在这个经济萧条且变幻莫测的世界，教育也亟须变革。现在这个社会讲求的是“专业化”。在一则新闻报道中，罗伯特·莫尔（哥伦比亚大学就业辅导中心前主任）就特别强调这一点。

## 靠想象力致富

按功能分类，想象力可分为两种，一种为“综合型想象力”，另一种则为“创造性想象力”。

综合型想象力：将旧的观念构想成计划，重整为新的组合。这项能力没有创造，它只是将所获取的经验、教育和观察作为材料加工整理。它是发明家最常使用的，但其中也有一些例外的“天才”，当综合型想象力无法解决其问题时，他们便会利用创造性想象力。

创造性想象力：通过创造性想象力，人类的有限心灵直接与无穷智慧连线。“预感”和“灵感”便由此而来。所有基本的或新的构想也是凭借这种能力产生的。

创造性想象力只有在意识高速运转的情况下才会发生作用，比如，当有“强烈欲望”时产生的情绪就会刺激意识。

创造能力发展的灵敏程度与利用它的次数正相关。这点意义重大！在进行下面的阅读前请认真想一下。

伟大的商界、工业界和金融界的领导人物，以及艺术家、诗人和作家之所以能取得突出成就，就是因为他们发挥了创造性想象力。

综合型想象力和创造性想象力，二者的灵敏度都会因经常使用而逐渐得到培养，正如人体的肌肉与器官越用越发达一样。

欲望只是一种意念，一种冲动。 它是模糊的，且是短暂的。 在转变为实质对等物以前，它是抽象的、没价值的。 在转化欲望为金钱的过程中，最常使用综合型想象力，但你必须记住一点，有些状况下也可能需要你运用创造性想象力。

1. 训练一下想象力

你的想象力可能会因不常使用而衰退，但也会因经常使用而复苏并变得灵敏起来。

当然，你必须首先训练你的综合型想象力，因为这是你要化欲望为金钱的过程中最常用到的能力。

把无形的冲动和欲望转化为实质、具体的事实、金钱，至少需要一个计划。 这些计划必须依赖想象力才能制订出来，而且主要依靠综合型想象力。

请立刻开始运用想象力，至少制订一个计划，以便化欲望为财富。 接着，你应即刻采取行动去实行最适合你需要的指示，并将计划写成文字。 完成这点时，你模糊的欲望已有具体的形式了。 将上述句子再读一遍，大声而且缓慢地读出来，同时请牢记它们，在你将欲望声明和实行计划写成文字时，你实际已迈出了第一步，这将最终使你能够化意念为实质的对等物。

2. 导向财富的法则

你生活的世界、你本人和其他物质，都是进化的结果。 在进化过程中，细微物质被井然有序地组织和安排。

有人认为，这整个宇宙只由两种元素构成——物质和能量。能量和物质的结合创造了人类可感知的万物，包括星星及人类自己等各类生灵。

你现在所做的工作正是运用自然方法来造就自己。你正在尝试让自己适应自然法则，从而努力将欲望转化为金钱或金钱对等物。你能做到！因为这不是没有先导的！

不变法则可帮助你创造财富。但，首先你必须先熟悉这些法则，并学会使用它们。我希望通过重复，以及由各个想象得到的角度来讲述这些原则，呈现给你获得巨额财富的“秘诀”。这个“秘诀”尽管看起来奇特而且似是而非，但它完全可以被掌握。我们所居住的地球、天上的星座、视野中运转的行星、我们之外及我们周围的所有元素、每一片叶子以及举目所见的各种生命形式等都存在着“秘诀”，而大自然本身就是真理。

如果你无法完全理解上述的内容也不要灰心。除非你有天赋，否则不要期望一开始读就能全部吸收它的内容。但我相信你迟早会有所进展。

接下来的原则将能拓展你对想象力的了解。首次接触该原则时，你只会明白你所了解的部分，然后，当你再次阅读且研究它时，你会发现，你的思路更清晰了，并且能更全面地掌握它。最重要的是，在你阅读这些原则时，不要停顿或迟疑，直到你至少将此部分读过三遍以后，你自然就会停不下来了。

## 靠毅力致富

当你打算遵循书中传达的意见，践行本书所描述的“欲望变黄金六大步骤”，便是对你毅力的首次考验。除非你是那2%，即有明确目标且有明确计划的人，否则你很可能在读了这些指示后，仍旧继续日常的惯例行为，忽视指示中的意义。

1. 你有“金钱意识”还是“贫穷意识”

断断续续或偶尔努力应用这些原则是很难实现目标的。你必须一直应用所有的原则才会有理想的结果，直到它们成为你的习惯为止。除此之外，你还需要培养必要的“金钱意识”。

贫穷往往趋向安于贫穷的人，同样，金钱则向追求它的人靠近。贫穷意识会自动攫取金钱意识的心灵。贫穷意识的发展是很容易的事情；而金钱意识的产生必须要努力培养，并使其处于发号施令的位置上，除非一个人生来便有金钱意识。

掌握以上叙述的意义，你便能了解毅力对于致富的重要性。缺乏毅力将很难成功，甚至在事情还未开始前，便已被打败。

有毅力的人，才可能赢。

假如你经历过梦魇，你就能了解毅力的重要作用。想象你正躺在床上，半睡半醒着，感觉自己就要窒息而死。你无法翻身或控制任何一块肌肉，但你有意识去重新控制自己的肌肉。通过意志力不断地努力，你终于设法移动了一只手的手指；继续移动手指，努力将控制力延伸到一只手臂的肌肉，直到你能够活动；然后用相似的方式，去努力控制另一只手臂；接下来，你终于能控制一条腿，然后再扩展到另外一条腿；最后，以一股无比的意志，你重获了对肌肉完全的控制，并挣脱出了梦魇。你终于走向了成功。

2. 如何“快速挣脱”精神怠惰

有时候你可能会发现，想要“快速挣脱”精神怠惰状态，也需要上述的方法。开始时，一点一滴地前进，然后逐渐加速，直到完全掌控意志。刚开始，无论进展有多慢，都要坚持下去。只有这样才能取得成功。

精心挑选“智囊团”的成员时，其中至少要有一位能协助培养你的毅力的人。人们之所以能培养出毅力，往往是为环境所迫，而不得不坚持到底。

毅力没有替代物！请记住这点，即使在进展似乎很困难、很缓慢时，你也要坚定走下去。

# 第二篇

## 唤起心中的巨人

（美）安东尼·罗宾

## 如何改变你的习惯

狗家族培养了一只胸怀大志的小狗，它向整个家族宣布：它要去横穿大沙漠。所有的狗都跑来向它表示祝贺。这只小狗带足了食物和水之后，在一片欢呼声中，踏上了征程。3 天后，小狗不幸遇难的消息传到了狗家族中。

这只拥有远大志向的小狗为什么会丢失性命呢？检查食物，还有很多。水不足吗？也不是，水壶还有水。后来，在经过调查之后，小狗遇难的原因终于被揭开——小狗是被尿憋死的。

为什么会被尿憋死呢？因为狗有一个习惯——一定要在树干旁或电线杆旁撒尿。由于大沙漠中没有树，也没有电线杆，所以可怜的小狗固守着自己的习惯，为了找到一棵树或电线杆，一直忍了 3 天，终于被憋死了。

狗是如此，那么人会怎样呢？

人与狗同样都是遵循习惯的动物，只不过人是高级动物而已。

一个人的行为方式、生活习惯是在长期的生活工作实践中逐渐养成的。比如，与人交往的形式、与人沟通的方式、与他人共同生活的模式等，都是多年养成的习惯。孔子在《论语》中提到："性相近，习相远也。""少小若无性，习惯成自然"的意思是说，人所具有的原始性情是非常相似的，但由于习惯不同后来便相去甚远。从小培育的品质仿佛是生来就有的，长期养成的习惯就好像完全出于自然。

俗话说得好："不论贫穷还是富有，都是习惯的结果；不管成功还是失败，都是习惯导致的。"假如你勤于思考，可能会对这句俗语颇有感触。

习惯具有无法阻挡的力量。春天接替冬天降临大地，这就是无法阻挡的一股力量；苹果离开树枝必然往下掉，同样是一种势不可当的力量。

我们可以这样定义"习惯"：所谓的"习惯"，就是人和其他动物对于某种刺激的"固定性反应"，也就是在相同场合下反复出现的固定的反应。所以，如果一个人反复练习饭前洗手的话，那么这个行为就会泛化，影响他的其他行为，逐渐他就会养成"爱清洁"的习惯。

习惯是个体对反复出现的刺激做出固定性反应，久而久之形成的类似于条件反射的某种规律性活动。它包括生理和心理两方面，生活习惯是能直接观察及测量的外显活动，心理习惯是间接推知的意识及潜意识历程。而且，心理上的习惯，即思维定式一旦形成，则更具持久性和稳定性，在更广泛的基础上，心理习惯进行延伸，于是就成了性格特征。

1. 习惯决定命运

美国著名的心理学家威廉·詹姆斯说："播下一个行动，你将收获一种习惯；播下一个习惯，你将收获一种性格；播下一种性格，你将收获一种命运。”一种好习惯可以使人成就非凡伟业，一种坏习惯也可以使人一无所成。

试想，一个爱睡懒觉、生活懒散又没有规律的人，他如何能在工作中勤奋自律？ 一个不爱阅读、不关心身外世界的人，他怎能拥有宽广的胸襟和卓尔不凡的见识？ 一个自以为是、目中无人的人，他如何去和别人合作、沟通？ 一个杂乱无章、思维混乱的人，他如何能够高效做事？ 一个不爱独立思考、人云亦云的人，他怎能拥有不凡的智慧和判断能力？

习惯是人生成败的关键。 事实上，成功者与失败者之间最大的差别就是习惯迥异。 好习惯实际上是好的思维方式与好的行为方式。 培养好习惯，就是在寻找一种成功的方法。 而一个人的坏习惯越多，就越不可能成就一番事业。

很多成功人士曾宣称即使现在输得落花流水，也能很快东山再起，也许就有习惯的力量。 他们在培养习惯的同时锻造了自己的性格，而性格铸就了他们的成功。

2. 培养受益终身的好习惯

那么，我们该如何养成好的习惯呢？ 我们需要注意两点：一靠制度约束，二靠自己的努力和决心。

在养成好习惯、去除坏习惯的初期，制度的强制约束作用会发挥最大的功效。

饭前、便后洗手的好习惯并不是天生就有的，这种习惯是经过父母或他人的无数次强制和纠正才得以养成。 新加坡素有“花园城市”的美名，而让人惊叹的不仅是它美丽的风景，市民的自律更是让人叹为观止，但你可知道，当时这些习惯的培养甚至动用了警察、监狱等国家机器来强制。所以，“好习惯是强制约束的产物”是个不折不扣的真理。

好习惯的养成，除了靠制度的约束、教育的陶冶外，自己的决心与勇气也是非常重要的因素。这又不得不归结于文化了。在一个积极向上的文化氛围中，你怎能安心地躺在床上呼呼大睡？在一个团结合作的文化氛围中，你一直自高自大、目中无人，凭借什么在团队中生存？在一个开拓创新的文化氛围中，你总趋炎附势、人云亦云，怎么发展？所以，文化具有比制度的强制力、习惯的固着力更为强大的整合力，它强大得无须再强调或者强制，它使每一个人的心灵在不知不觉中受到影响，从而最终成为一种自觉的群体意识。

当然，培养任何一种习惯都必须按照循序渐进、由浅入深、由近及远、由渐变到突变的原则来进行。

3. 改变你的坏习惯

伟大的古希腊哲学家柏拉图曾谆谆教导一个无所事事的青年说：“人是习惯的奴隶，一种习惯养成后，就再也无法改变过来。”那个青年回答：“但游戏人间又有什么不可以的呢？”柏拉图立刻正色说道：“一件事情尝试的次数多了，就会逐渐成为习惯，那就不是小事啦！它会影响你的一生。”这实在是真理。

意大利诗人但丁曾说：“星星之火扩大蔓延，化为熊熊烈焰。”老子在《道德经》中亦云：“九层之台，起于累土；千里之行，始于足下。”

习惯的培养是通过反复的练习，由细线变成粗线，再变成绳索的过程。每一次我们重复相同的行为，就会使该行为得到强化，绳索变成缆绳，再变成了链子，最终，就成了根深蒂固的习惯，把我们的思想行为牢牢地固定并缚住。

我们的全部生活都充满了习惯。一天的生活中几点起床、就寝，是一种习惯；穿衣的品位、颜色的喜好，是一种习惯，甚至我们吃饭的姿态、做事的方式，都是习惯在起主导作用。

被称为桂冠诗人的英国诗人德莱敦在三个世纪前曾说过："首先我们养成了习惯，随后习惯养成了我们。"我们之所以会形成今天的自己，乃是习惯造成的，如果我们要想有跟以前截然不同的人生，那就要有巨大的改变。改变人生的途径之一就是要变换自己的行为模式，即改变你的很多坏习惯。

查尔斯·谢灵顿博士在脑生理学方面具有很深的造诣，他坚持认为"在学习过程中，神经细胞的活动模式与磁带录音相类似"。每当我们记忆起以往的经历时，我们所有的行为就会重新出现。如果你对失败习以为常，你将容易将这种易于接受失败的感情色彩渗入生活工作的各个方面。同样，如果你能建立起一个成功的模式，胜利的感情就会激励你的所作所为。从这个意义上说，改变我们的习惯，人生走向也会随之变化。我们是习惯的动物。心理学家相信，人类95％的行为都是习惯导致的。

坏的习惯，就像一条有太多孔洞的破船，无论你怎样弥补，它都会不可救药地下沉，那么何不趁早弃船逃生，即改掉坏习惯呢？而改掉坏习惯的最有效方法就是：培养良好习惯。

你一定要坚信，不培养良好的习惯，就无法走上成功之路。那么，从现在起我们就要开始下定决心，付诸行动，改掉坏习惯，培养好习惯。

行为主义学派认为偏差行为反复重复形成比较固定的行为模式，就是坏习惯。偏差行为，即坏习惯到底有哪些？这些坏习惯随不同学者的看法不同而有差异。若从行为的性质而言，则表现为不适宜行为，主要包括不合时间地点及身份的行为，损害自己身心健康和发展的行为，或困扰、妨害他人生活，与环境形成冲突的行为。

同时，行为主义者也认为，一个人出现偏差行为，即“坏习惯”，并不是因为被魔鬼附身，只要用一些符咒把附在他身上的恶魔除掉就好了，也不是他感染了什么疾病，吃一贴灵丹仙药就可以解决，更不是因为在童年时候遇到什么不幸的事件，产生了心理阴影。它的产生源于外界对这个行为的反应。甚至，假若偏差行为发生后，未遭到周围人的排斥或指责，甚至得到了周围人的赞许，则行为便会再度得到强化，如此重复多次之后，它就会固定为习惯。反之，假若偏差行为带来对行为发生者不利的结果，则行为便会减弱，如此重复多次之后，它不再出现，从个人行为中消失。这就是反射原理的应用。

就本质而言，个体行为并非一成不变，而是受身心发展及客观情境影响，随时在变化。学习是公认的最重要的一种塑造行为的有效方法。因此我们可以利用强化原理，通过某些方式的“学习”，可以矫正偏差行为，消除坏习惯。而消除坏习惯的有效方法是削弱、隔离、惩罚。附带说明一点，习惯的矫正和培养越是从小做起，就越容易使儿童养成良好的行为习惯，幼儿时期是行为塑造的黄金时期，而这个时候习惯的塑造也因为阻力小而变得较为简单易行。

## 如何完善你的行为

人的行为不是一成不变的，你可以通过自身的努力而改善自己的行为。 如果你正在为自己的某些行为而懊恼，那么现在就行动起来，尝试改变自己的行为。

不要因为烦恼而怨天尤人。 实际上，根本不要谈到你的困难，更不要在进入下一个步骤之前提到它们。 任何寻求怜悯，试图使自己感觉良好的措施，实际上都会使你变得不堪一击，这样一来你会受害无穷。

不要将你的选择归罪于他人。 要有自己的主见。 你建议上某家餐馆，不要说是别人极力推荐的，要对自己的思想负责任。引据别人的意见通常不会造成损害，但如果你自我意识薄弱，那么就会使情况恶化。 你不妨试试连续几周之内都不要引用别人的观点，再看看这种扩大效果的方法是否奏效。

一旦做了就不要逃避责任，即使采纳的是别人的意见，也要敢于承担后果。

避免使用“我们”。 你拒绝了一项邀请，就说你很累，不要考虑你的同伴是否也有同感，尽量使用第一人称单数的说法。

不要说诸如“我相信你不会喜欢的”“我知道 ×× 使你不悦，所以我不邀请他”之类的话语。别人的想法和你一样经常会改变。你可以询问他自己的想法。经常企图预测别人想听的话，正是“好好先生”典型的表现，其结果只能使你更加觉得自己平凡，使朋友对你更加厌烦。

不要让他人左右你的思想。永远不要仅仅为了维持和平而向他人道歉。

你向朋友或陌生人谈论自己时，不要只叙述事实。在这几周内，你尽量不要只是把事实平铺直叙地说出来，而是多谈谈自己的主张；不要提到有关身份地位的象征，以免使陌生人只关注你的身份；同时避免机械式的对白，否则会使人感觉你在列举你一天的所作所为。

如果你要讲述一个故事，就不要只是把它复述出来。背诵式的说明将会使你在出差错的时候感到恐惧。

按照以下意见去做，你一定会发现，改变行为原来并不是非常困难的事。

1. 坚持自己的主见

不但要改善你的行为，还要坚持自己的主见。

投资家华伦·巴菲特从来不完全相信理财顾问的话。他说：“假设你拥有 100 万美元，但是对内线消息深信不疑，那么一年之内你就会破产。”

父子抬驴回家的故事大家不妨一看。开始父亲让小儿子骑在驴背上，自己走着。不久，一个老人轻蔑地说：“年轻人真是不孝顺，没大没小，竟然让老子给儿子牵驴。”农夫一想，便让儿子从驴背上跳了下来。父子俩牵着驴继续赶路。没走多远，迎面又来了一个年轻人，他看见这一老一小有驴不骑，便不解地说：“这两个家伙真怪，有驴不骑偏要费劲地走路。”农夫听了，觉得也有道理。于是他让小儿子牵驴，自己跨到了驴背上。可是没走多远，一个妇人从对面走了过来，咕哝着：“那么大的人，自己骑在驴上优哉游哉，让这么小的孩子来牵，真是一个狠心的父亲！”这次，老农只好把儿子也拽到了驴背上。不久，又来了一个人，那人说：“真不像话，毛驴每天为你辛苦劳累，你竟然还要骑着它，而且还两个人都骑在驴上。”农夫一拍脑袋说：“是啊，我真是太残忍了。”他们再次跳下驴背。但是不知道如何是好，骑也不对，不骑也不对，儿子骑不对，老子骑还是不对，到底该怎么办呢？还是抬回家去，总算不亏待那头为他们累死累活的驴了。

一个缺乏独立思考能力的人，很容易在别人一开口时就变得惊慌失措，没有了主见。所以，培养独立思考问题、解决问题的能力是保持个性的一个重要途径，也是一个人立足于世的必要条件。

哲学家说，世界上找不到两片完全一样的叶子，人生也是如此。没有哪两个人的态度、信念、价值观和潜能完全一致，所以发生在不同人身上的事情，会产生不同的结果。听取和尊重别人的意见固然重要，但无论何时千万不要人云亦云，不知所措，做了别人意见的傀儡。否则，你不但会在左右摇摆中身心疲惫，失去许多成功的机会，有时甚至会迷失自我。

# 让自己变积极的方法

▲ 给自己加油打气

▲ 提早进入工作状态

▲ 腰杆挺直，坐姿端正

▲ 与他人握手时要有力

2. 让自己变得积极起来

要不断完善自己的行为，让自己变得积极向上。给人以“积极”的印象非常重要，它可以成为你取胜的法宝。

怎样才能让自己在工作和生活中变得积极起来，引人注目呢？以下方法可为你提供一些参考。

①站起来发言。无论在大会上讲话，还是在办公室发言，最好的讲话姿势是站立。即使准备好椅子，也不要坐着讲，因为站起来发言，除了给人以更强烈的感染力，还可以居高临下，把握会场的气氛。

②抢接电话。如果动作迟缓，只会给人留下做事消极、不主动的印象。因此，在办公室里，只要电话铃一响，就应当立刻抓起话筒接听电话。

③提早上班。提早上班，会使别人认为你是一个积极工作的人。当别的同事睡眼惺忪地赶到办公室，开始做准备工作时，你已经进入工作状态了，上司自然会对你另眼相看。

④腰杆挺直快步走。这样做会让别人认为你是一个朝气蓬勃、充满活力的人，这是自我表现中不可忽视的内容。如果弯腰驼背、慢慢腾腾、无精打采，别人会如何评价你呢？答案是不言自明的。

⑤握手有力。握手是交际的礼仪，也是表现自己的武器。握手这一小小的动作，表面上看起来不过是手与手的接触，实际上却是心与心的交流。用力握手能将你的热情与坚强传递给对方，能够给人留下深刻的印象。

⑥坐姿正确。和同事交谈时，坐在椅子或沙发上的姿势一定要正确。全身放松地懒散地坐在沙发或椅子里会给人一种不认

真的感觉。相反，坐姿端正，上半身自然前倾，则会让人觉得你聚精会神，从而让人感到你是一个认真积极的人。

⑦做好笔记。别人讲话时，不但要注意倾听别人讲话，还要记录别人讲话的内容。做笔记一方面可以记录下对自己有用的内容，另一方面则表示认同对方讲话的内容，是尊敬对方的一种表现。

⑧名字要写大一点儿。姓名是每个人的代号，签名时应尽量把字写得大一些，这样会表现出你怀有较强的进取心。

⑨坐到上司身边。对自己越有信心的人，就越喜欢坐在上司身边。因此，在没有安排固定座位的场合时，主动坐在上司身边，可以显示出你的信心。

⑩额外工作抢着干。除了做好自己的分内工作外，对于额外增加的工作也要积极肯干，因为一方面显示出你的热心，另一方面还体现了你的能力。

⑪求教要登门。如果你有事向同事请教，一定要亲自到同事的办公室去向他求教。这样，既能让对方看到你的诚意，又能让对方感受到你谦恭的态度。

⑫展示你的希望。充满希望的人才会有魅力。胸怀大志会让人对你产生一种积极向上的良好印象。

任何人都不愿意和散漫的人共事。只有处处给人以“积极”的印象，才能够受到同事的好评，上司也会十分器重你，着重培养你，对自己的前途也会大有好处。

## 如何开发你的潜能

在每个人的身体里面，都潜伏着巨大的力量。一旦你将自身的潜力开发出来，它便可以使你梦想成真。

如果能打开你心智的眼睛，看到你内在无限大的宝库，你就会发现你身体里蕴藏的巨大力量。你可以从你的内心里的宝藏中取得所需的一切东西，从而使你的生活变得更丰富和幸福。

如果能够唤醒这种潜在的巨大力量，就往往会出现奇迹。世界上无数平凡人的体内都有着巨大的潜能，只要将他们体内一小部分潜能激发出来，就可能成就伟大的、神奇的事业。

很多人都不知道，在他们内心深处埋藏着有求必应的无限智慧的金矿。一块有磁性的金属可以吸起比它自身重量重几倍的东西，但是如果除去这一块金属的磁性，它甚至连最轻的羽毛都吸不起来。同样的，人也有两类。一种是有磁性的人，他们充满了信心和力量，他们知道自己注定会获得成功；另外一种人，是没有磁性的人，他们充满了畏惧和怀疑。机会来临时，后者却说："我可能会失败，我可能会一败涂地，人们会耻笑我。"

这种人是不可能获得成功的，因为他们害怕前进，他们只好停留在原地。所以，每个人都要争取成为一个有磁性的人，并开发自身的潜能。

实际上，每个人都具有潜能，充当催化剂的意外事件和灾祸，使人有了显露这种力量的机会。

你潜意识的深处充满了无限的智慧与力量，以及你所需要的各种各样的“供应器”，这些都等着你去发掘、培养、发挥。

将你的心灵打开，你潜意识中的无限智慧就会在任何时间、空间，提供你所需要的信息。你可以接受新的思想和观念，获得新的发现、研制新的发明，或写出新书和剧本；你潜意识中的无限智慧，甚至可以“传授”给你各种奇妙的知识。它可以为你指引方向，使你在生活中能够完美地发展自己，并达到你真正应该达到的水平。

在人的身体和心灵里面，蕴含着永不衰落、永不腐朽的力量，这种力量一旦被唤醒，即便在最卑微的人身上，也能使他变得强大无比。

在有些时候，人也会有机会看到自己的潜能，比如当你失去一位挚友的时候，你可能发现一种自己从未发现过的能力；当你受到一本富有感染力的书的启发时，或者由于朋友们的真挚鼓励，也能发现自己的内在力量。但无论通过何种途径，一旦激起内在力量后，你的行为一定会大异于从前，你会逐渐成长为一个大有作为的人。

你有权利发掘自己的潜能。潜能虽然无法看见，但是它的力量却极为强大。通过开发自己的潜力，你会找到每一种问题的解决方案，以及每一个结果的原因。由于你可以唤醒这些隐藏在你内心深处的力量，因此你可以完全在自由的道路上向前行进。

未来的医生会让病人了解在他身体内部蕴藏着一种创造的力量。这种创造力量，不但创造了他自己的生命，而且还在不断地给生命注入新的活力。这种潜意识的力量能使人从身心疲惫的状况中走出来，再度恢复健康，再度充满活力，再度强壮起来，并努力去获得幸福，快乐地表现自己。这种奇迹般的治疗力量也存在于你的潜意识之中，可以治好你因深受折磨而破碎的心灵。它可以打开你的心灵之门，可以帮你摆脱物质与精神上的束缚。

许多人并不知道自己心灵深处的潜意识，也不知道如何去开发那些供给身体力量的源泉，因此，他们的生命往往是枯燥、毫无生气的。如果你能开发出自己的潜力，就可以寻得生命的源泉。一旦饮得这生命的泉水，从此生命会充满无限活力，而这眼生命之泉是可以取之不尽、用之不竭的。

由此可见，一个人一旦能对其内在的潜能加以有效地运用，他便永远不会穷困潦倒。

1. 重视你的潜能

一般来说，一个人的潜能来源于他的与生俱来的天赋。但实际上，大多数的人潜能都在深藏潜伏着，必须受到外界的刺激才能被激发出来。如果人们的天赋与潜能不被激发、不能得以发扬光大，那么，其固有的潜能就会逐渐衰退并最终丧失它的力量。

爱默生说：“我最需要的，就是有人叫我去做我力所能及的事情。”去做“我”力所能及的事情，是表现“我”的潜能的最好途径。只要尽“我”最大的努力，发挥“我”所具有的潜能，就能够做拿破仑、林肯未必能做到的事情。

每个人都拥有巨大的潜能，但这种潜能在酣睡着，一旦被激发，便能做出惊人的事业来。因此，我们必须重视自己的潜能并亲自发掘自身的潜能。莫让你的潜能酣睡！

在美国西部某市的法院里有一位法官，他直到中年还只是一个目不识丁的铁匠。他现在 60 岁了，掌管着全城最大的图书馆，获得许多读者的称赞，被人认为是学识渊博、为民谋福利的人。这位法官唯一的希望，是要帮助同胞们接受教育，获得知识。可是他自身并没有接受过系统教育，那么他这样远大的抱负是如何产生的呢？原来，他不过是偶然听了一篇关于“教育之价值”的演讲。结果，这次演讲将他的潜能从沉睡中唤醒，激发了他远大的志向，从而使他做出了这番造福一方民众的事业来。

在我们的现实生活中，有许多人直到老年时才表现出他们的潜能。那么他们的潜能究竟是怎样被激发出来的呢？有的是由于阅读富有感染力的书籍而受到激发；有的是由于聆听了富有说服力的讲演而受感动；有的是由于受到朋友真挚的鼓励而信心倍增。而对于激发一个人的潜能来说，作用最大的往往就是朋友的信任、鼓励、赞扬。

和失败者交谈之后，你就会发现，他们失败的原因是他们无法获得良好的环境，他们的潜能从来不曾被激发，他们缺少从不良环境中振作奋起的力量。

人的一生中，无论在何种情形下，你都要想方设法，走入一种可能激发你的潜能的氛围中。努力接近那些了解你、信任你、鼓励你的人，这对于你日后的成功具有莫大的影响。你要与那些志趣高雅、抱负远大的人接近。接近那些坚决奋斗的人，你在不知不觉中便会深受他们的感染，养成奋发有为的精神。如果你做得还不够完美，你周围那些积极向上的人就会来鼓励你下更大的功夫、做更艰苦的奋斗。

几乎所有的人都只发挥了其潜能的15%，他们之所以发挥不出剩下的85%的潜能是因为他们恐惧、不安、自卑、意志薄弱及负有罪恶感。综合所有的原因，可以说是“与外界的不协调”，不能向外界开放，则等于是替自己的潜能踩了刹车。

与外界的协调能使你的潜能发挥到淋漓尽致的地步，因为所谓创造的行为，是在外界环境下进行的，所以一旦能和外界协调时，自然会产生优异的结果。以体育比赛为例，还在考虑胜败、估计别人力量的选手，心中已经产生了对立的心结，所以不能发挥其潜能。只有当你抛却那些顾虑，融入周围的环境，才能最大限度地激发潜在能力。一个非常有趣的现象是，凡是在下棋时，对对手抱有对立感情，将下棋的目的放在输赢上的人，他们的进步都很有限。相反地，不在乎胜败，只求下出正确的棋着并在其中寻求创造之喜悦的人，则能充分地激发自己的潜能，他们也就会快速进步。他们不把棋局的胜负当作一种争斗，而把它当成“问答”。如果有两个人天生素质相等，而博弈态度不同时，不久后在博弈态度的影响下，他们两人下棋的水平也必有天壤之别。

能包容对方的人才是强者。连下棋这种具有严格规则的游戏都能产生这种结果，更何况是在复杂多变的人生当中。

弈棋中的这两种态度，也可以将“取”与“造”这两种生存态度反映出来。为了“取”的目的而拼命的人，他们自以为是在踩油门，其实所踩的却是刹车。你必定已能充分了解为什么所有的成功者都是彻底贯彻“造”的态度者，这个道理非常简单，当一种能力被抑制后，当然不可能有出众的创造行为。当你打开心灵，接纳世界后，你就能充分地发挥它。

如果你希望人生富有创造性，首先你必须做个“不怕失败的人”。从表面上看，这似乎和“无所不能”的命题相矛盾，但是仔细想一想却不是，因为失败和“不能做”是完全不同的概念。此外，失败并非与成功完全对立，它可以是到达成功的中转站。精神的强者，越是失败，越能在失败中得到教训，从而使创造的热情得到进一步提高。所以问题不在于是否会失败，而在于是否遇到一两次失败就放弃奋斗。拥有广阔胸襟的人能够包容失败，这种人最后必然会获得成功。

2. 充分开发你的潜能

多年以前，在美国俄克拉荷马州的一个印第安人的土地上发现了石油。

这个印第安人一辈子穷困潦倒，由于在他的土地上开发出了石油，他摇身一变成为百万富翁。发财以后他做的第一件事就是给自己买了一辆豪华的“凯迪拉克”旅游轿车。当时的旅游轿车在车后配有两个备用轮胎。可是这位印第安人想让他的新车能成为乡里最大的汽车，于是又给它加上了 4 个备用轮胎。他买了一顶林肯式的长筒帽，不但配上飘带，系上蝴蝶结，还叼上一支又粗又长的黑雪茄烟，将自己进行了全方位的包装。每天他都要驾车到附近那个熙熙攘攘、又脏又乱的小镇上去。他想让人们都看看他。他是一位友好的老伙计，驾车通过镇上时他得不停地左顾右盼与碰到的熟人寒暄。

有趣的是他的车从来没有撞伤过人，他本人也从未有过身体受伤的事。原因很简单，他那辆气派非凡的汽车是靠两匹马拉着前进的。他的机械师说汽车的发动机完全正常，只是老印第安人从没学会用钥匙插进去启动汽车点火。汽车里明明有100马力的发动机昂首待发，可老印第安人偏要用汽车外面那两匹马拉车前行。

许多人都犯了这样的错误，他们只看到外面的两匹马的力量，却忽视了内部的100马力。1分钱和20块钱如果都被扔在海底，它们的价值自然没有大小之分。只有当你把它们捞起来按惯有的方式花掉的时候，才能区分出它们的价值。而只有当你充分开发并有效利用你的巨大潜能时，你的价值才能真正显现出来。

尼亚加拉大瀑布每年有上万亿吨的水从15.8米的高处奔涌而下，坠落到深渊里，白白地流失掉。然而有一天，一个人制订了一个计划，利用了这巨大能量的一部分。他使一部分下落的水流经过一个特殊的装置，从而产生出大量的电力，推动了工业发展的巨轮。从此，成千上万的家庭有了电灯带来的光明，成吨的粮食可以用机械收割，大量的产品被生产出并运输到全国各地。这种新的能源，为许多人带来了工作，孩子们受到了现代化的教育，道路被开通，高楼被建造。它带来的好处是数不胜数的。总之，这一切能实现，都是因为人们发现并利用了尼亚加拉大瀑布的能量，让它为人类的需求服务。

我们也要学会尽快开发和利用自己的潜能。你要知道，你的潜能会在开发利用的过程中不断增强而且会带给你更多的收益。

几乎所有人都蕴藏着大量未经开发的潜能。令人遗憾的是，有史以来，很少有人能充分开发自己的潜能。

怎样做才能将潜能正确开发出来呢？以下这几点供你参考。

①通过已有能力开发潜能。要开发潜能，必须使用已有的能力。只有使用能力，能力才能产生实际作用。哪怕你已经具有了某种能力，但如果将这种能力搁置不用，那么严格地说它也只算是潜在的能量，对现实毫无作用。很多没有受过系统营销教育的推销员比那些专门学营销专业的大学生的推销能力高得多，就是因为他们通过已有能力开发潜能的缘故。

②选准最易突破的一点。面对种类繁多的各种潜能，并不需要对每一种潜能都投入完全一样的时间和精力去大力开发。那不仅会分散有限的精力，而且也很不现实。我们在全面了解、重视整体潜能的同时，应当依据自己的特点和优势，集中力量，选准一种关键潜能进行开发，取得突破，这样就能使整体潜能得到激活。开发潜能一定要选准最易突破的一点，以求尽快突破。

③充分考虑自身的天赋、资质等主观条件。人人都有自己的优势才能，人人都有自己的最佳发展区。要根据自身的天赋和资质，来确定应当着重开发的潜能。只有这样，才能使潜能的开发事半功倍。否则，花费了大量的时间和精力却不一定能收到良好效果。最新教育观提出：由于每个人的特点不同，每个人都应当有自己的课程。开发潜能，也一定要根据自身特点，

设计出适合自己的开发、利用潜能的计划。

④承受适当的压力。每个人都存在惰性，只有在一定的压力下，人才能最大限度地开发自身的潜能。其实促使人进步的最好动力之一就是压力。著名科学家贝弗里奇说："人们最出色的工作往往是在逆境中做出的，思想上的压力，甚至肉体上的痛苦，都可能使人的精神处于兴奋状态。很多作家、画家平时灵感难寻，只有在临交稿时，大脑里才容易涌现出灵感。"创造学之父奥斯本说："多数有创造力的人，其实都是在期限的压力下从事工作的。决定了期限，就会产生对失败的恐惧感，因此，工作时背负着一定的压力，会使得工作更加完美。"他还说："谁被逼到角落里，谁就会有出奇的想象。"当然，压力不能过大，压力过大，就会把人压垮了，压力要适度。利用好了压力，它不但是行动的最好保障，而且通常能使我们的潜能得到充分发挥，创造出令人震惊的奇迹。

## 如何解决内心矛盾

每个人都有能力发展自己，取得更大的成功，不幸的是人们在开发自己潜能的过程中常会受到自身心理障碍的束缚，这就是所谓的“约拿情结”。“约拿”是《圣经》中的一个人物，上帝给了他机会，他却退缩了。他是怀疑甚至害怕自己的能力无法达到预期水平，心理软弱以致甘愿回避成功的典型。

回避成功的心理障碍，主要包括意识障碍、意志障碍、情感障碍和个性障碍等方面。我们只有分别了解它们，才能有效地克服它们。

1. 意识障碍

所谓意识障碍，是指由于人脑错误地反映了外部现实世界，从而影响以致减弱人脑的辨认能力和反应能力，阻碍了人们对客观事物的正确认识，甚至会影响人们事业上的成就。意识障碍的主要表现形式有：

- “自卑型”心理障碍。因生理缺陷或心理缺陷，例如，认为自己不够聪明或家庭、社会条件不如人，而缺乏自信、妄自菲薄、不能进行自我能力开发。

● “闭锁型”心理障碍。不愿表现自己，把自我体验封闭在内心，不愿意和他人进行交流沟通，因而缺乏自我开发的积极性。

● “厌倦型”心理障碍。这是一种厌恶一切自己不感兴趣的事情的心理状态。存在厌倦心理的人，常常抱怨自己怀才不遇，但对自我开发失去兴趣。

● “志向模糊型”心理障碍。是指对自己未来道路不明确，从而没有定向进取的内驱力，而不能对自己的潜能进行开发的一种心理障碍。

2. 意志障碍

所谓意志障碍，是指人们在自我能力开发中，确定方向、实现目标的过程中起阻碍作用的各种非专注性、非持久性、非自制性心理状态等。意志障碍的主要表现形式有：

● “意志暗示型”心理障碍。是指在制定和执行目标时，易受他人意见的直接或间接的影响，而产生的一种动摇不定的意志心理状态。表现为在确定目标时频繁更换目标，在执行决定时不能坚持到底。

● “意志脆弱型”心理障碍。表现在没有勇气去征服实现目标道路上的困难。这种人往往不是主动去征服困难，而是被动地改变或放弃自己的既定目标。

● “意志怯懦型”心理障碍。怯懦是一种懦弱胆小、畏缩不前的心理状态。这种人过于谨慎，小心翼翼，经常思虑过多，犹豫不决，稍有挫折就退缩，因而影响自我能力开发的完成。

3. 情感障碍

所谓情感障碍，是指人们在能力开发的过程中，对客观事物所持态度方面的不正确的内心体验，主要表现为情感麻木。其产生的原因主要是长期遇到各种困难，受到各种打击，自己又不能正确地对待这些困难和打击，以致对客观外界事物产生一种恐惧的内心体验，从而形成一种内向封闭性的心理状态。它使人们丧失对生活的热情和对理想及事业的追求。

4. 个性障碍

所谓个性障碍，是指人们在自我开发中常常出现的性格障碍，如抑郁质的人易表现出封闭自我、不善交际的弱点，黏液质的人易表现出优柔寡断、缺少魄力的弱点，多血质的人易表现出缺乏毅力的特点，胆汁质的人易表现出办事武断、鲁莽冲动等弱点。

5. 其他障碍

除了意识障碍、意志障碍、情感障碍和个性障碍外，还有其他几种心理障碍会影响能力的开发，其中包括感觉加工中的心理错觉，知觉中的错觉和偏见，思维定式的束缚等。这些障碍主要缘于认识上的主观片面性、表面性，以及思想僵化凝固等。严格地说，这些和回避成功的心理障碍是两种性质不同的心理障碍，但二者对人的事业成功同样产生巨大影响，特别是当这些心理障碍互相影响时，强大的负效应就会形成，导致一个人事业的失败。

很明显，有些人成就不大，不是由于智力不够，而是由于没有克服自己心理上的障碍，只有不断向自己挑战，正确面对自己的心理障碍，才能取得更大的成功。

1. 忘记内疚向前看

我们常听到人们如此哀叹："要是……就好了！"这是一种典型的内疚悔恨情绪，每个人，不管其所处的环境如何，都会多多少少地体验到这种内疚情绪。

内疚情绪能使你经常为他人着想，体谅别人，这种良好品德是我们每个人都应当具有的。当人刚刚降生时，从不会去考虑别人的感受，总是以自己为中心。我们逐渐长大，就会慢慢认识到，这世界上还有别人，考虑自己的同时必须顾及他人的存在。我们每个人都有自私的一面，当我们了解到自私是一种不良的品行，而且没有考虑他人的感受的时候，就会产生一种内疚的刺痛感。

内疚能激励具有德行的人产生一种美好的思想和行为，但并不是说每种内疚都能产生良好的结果。内疚的悔恨情绪只有配合积极的心态才会产生良好的促进作用，当一个人产生内疚，却又不用积极的心态去面对及解决问题时，有害的结果就会顺势而生。

许多人在生活中会不知不觉地受到内疚悔恨情绪的影响，他们简直成了一台名副其实的悔恨机器。在各种行为误区中，内疚悔恨是最为无益的，你的情感在悔恨中白白浪费掉了。内疚悔恨使你沉浸于过去的事情而无法直面现实。然而，时光一去不返，无论你怎样内疚悔恨，已经发生的事是无法挽回的。

在这里，我们有必要指出，内疚悔恨与吸取教训是迥然不同的。悔恨不仅仅是对往事的关注，而且由于过去某件事产生了现时的惰性。这种惰性范围很广，从一般的心烦意乱直至极度的情绪消沉都在惰性的范围内。假如你吸取过去的教训，并决意不再重蹈覆辙，这并不是一种消极悔恨。但是，如果你由于自己过去的某种行为一直悔恨而无法积极地面对生活，那便成了一种消极的悔恨了。吸取教训是一种健康有益的做法，也是我们每个人不断进步的必经之路。悔恨则是一种不健康的心理，它白白浪费了自己目前的精力，这种行为有损于身心健康。实际上，仅靠悔恨是不能使任何问题得到解决的。

我经常以愉快的方式来结束每一天，因为时光一去不返。每天都应尽力做完该做的事。尽快忘掉疏忽和荒唐事，明天将是新的一天，应当重新开始，振作精神，不要使过去的错误成为未来的包袱。以悔恨来结束一天，实在不是明智之举。我们要做一个像英国原首相劳合·乔治一样随手关门的人。有一天，乔治和朋友在散步，每经过一扇门，他便把门关上。朋友疑惑地说："你没必要关上这些门。"乔治却说："哦，当然有必要。我这一生都在关我身后的门，这是必须做的事。当你关门时，也将过去的一切留在后面。然后，你又可以重新开始。"

要成为一个快乐的人，重要的一点是学会丢掉错误、过失的包袱，即忘记内疚，向前看。只有当我们忘记过去，努力向着未来的目标勇敢前进，才能使自己不断走向辉煌。

2. 接受不可避免的事实

有位企业家做了一个让他蒙受巨大损失的错误决定。在这之后，他拒绝承认自己的失误，拒绝接受失败的事实，结果，他失眠了好几夜，痛苦不堪，但其实这样做根本就于事无补。更严重的是，这件事还引起他对多年前的小挫折的回忆，他在灰心失望中折磨着自己。这种情形竟然持续了一年，直到他向一位心理专家求救后，才彻底地从痛苦中解脱出来。

如果我们对那些著名的企业家或政治家做一个调查就会发现，他们大多都能接受那些不可避免的事实，让自己保持平和的心态。否则，他们大部分人早就被巨大的压力压垮了。

当我们不再拒绝接受那些不可回避的事实后，我们就能节省下精力，去创造一个更加丰富的生活。既抗拒不可避免的事实，又去创造新的生活，没有谁拥有充足的精力能同时进行这两件事，所以你只能在两者中间选择其一：可以选择接受不可避免的错误和失败，并抛下包袱继续前行；也可以选择拒绝它们，变得更加苦恼。

如果我们不接受一些不可避免的挫败，我们又会得到什么呢？答案非常简单，它只会产生一连串的焦虑、矛盾、痛苦、急躁、紧张等，我们会因此整天不知所终。

“对必然之事，轻快地加以接受。”这是一句古老的犹太格言。在今天这个世界，忙碌的人们比以往更需要这句话。

既然如此，那就接受不可避免的事实，维持乐观的心态，轻松地生活下去吧。

# 第三篇

# 最伟大的力量

（美）马丁·科尔

## 选择握在你手

在有限的生命中，上苍赋予我们许许多多宝贵的礼物，其中之一就是“选择的权利”。

既然上苍赐予我们“选择的权利”，我们就有权利思考、行动。一般人总以为只有在决策时才需要选择，但是实际上，我们所做的每件事情都是一种选择。

日常生活中使我们压力倍增的事情不胜枚举，其中，失去控制力就是最令人头痛的一项。正是因为我们拥有选择的权利，我们才能感到自己拥有控制力，要是有人剥夺了我们这项权利，我们便不能自主地思考、行动。

正因为这是上苍赋予人类的礼物，所以，不论面对何事，我们都可以自行决定是否要参与其中。不管我们做了什么选择——勇于面对事情也罢，逃避现实也好，一旦做出抉择，我们就会感到自己又重新获得了控制力。

很多人总是抱怨，自己就像傀儡一样任人摆布。殊不知要选择什么样的生活方式是由自己决定的，哪能怪得了他人？

人总是有很强的控制欲，不但想控制自己，还想控制别人。无形之中，他人的一举一动均可能侵犯你的权利领域，但是，当碰到这种外来侵犯时，你本身的控制欲就会奋起反抗。

因此，假如你也有过丧失了控制力的感觉，那么你首先需要自省一下，自己是不是了解自己拥有的选择权？ 你是否充分运用了自己拥有的选择权？

想要对自己好一点，就要学会善于运用你的选择权，只有这样，才能减少压迫感。 虽然我们并不能完全掌控自己的命运，但至少应该充分掌握选择的权利。 若抉择之后，又全力以赴，成败就不必计较了。

1. 学会选择，不要被他人所左右

学会选择，不要被他人的意见左右自己前进的方向。 追随你的热情，追随你的心灵，它们将带你到你想要去的地方。

世界上第一名女性打击乐独奏家伊芙琳·格兰妮说：“从一开始我就决定，一定不要让其他人的观点阻挡我成为一名音乐家，我对音乐的热情不会受任何的影响。”

她出生在苏格兰东北部的一个农场，8 岁开始学习钢琴。 随着年龄的增长，她对音乐的热情与日俱增。 但不幸的是，她的听力却在渐渐地下降，医生确诊她的听力的衰退是由于神经损伤造成的，而且这种损伤是难以康复的，并且还断定到 12 岁时，她将彻底失聪。 可是，医生的诊断并没有阻碍她对音乐的热爱。

她的理想是成为打击乐独奏家，但在当时并没有这类女音乐家。 为了演奏，她学会了用不同的方法“聆听”音乐。 她只穿着长袜演奏，这样她就能通过她的身体和想象感觉到每个音符的震动，她几乎调动了她所有的感觉器官来感受着她的整个声音世界。

她决心成为一名音乐家，而不是一名失聪的音乐家，于是她向伦敦著名的皇家音乐学院提出了申请。

因为以前从未有过先例，所以一些老师反对接收她入学。但是在面试时，她的演奏征服了所有的老师，她不但顺利入学，还在毕业时荣获了学院的最高荣誉奖。

从那以后，她就致力于成为一名专职的打击乐独奏家。因为那时几乎没有专为打击乐而谱写的乐谱，她就自己为打击乐独奏谱写和改编了很多乐章。

格兰妮一直坚持她自己的选择，并没有因为医生诊断而放弃追求。最终，她凭借着热情和信心取得了成功，实现了她的理想，成为世界上第一位专职的女性打击乐独奏家。

2. 别选择烦恼

有这样一则民间故事：

一位老太太的两个女儿都出嫁了。大女儿嫁给了雨伞商，小女儿嫁给了布鞋商。天晴时，老太太发愁，大女儿家的雨伞没销路，日子怎么过？下雨时，老太太也发愁，小女儿家的布鞋卖不出去，一家人怎么活？可这天空不是晴就是雨，于是老太太就天天愁、月月愁、年年愁。

村里有个年轻人好心劝老人说：“你应该反过来想想，天晴时想，小女儿可好了，这天气布鞋好卖；下雨时想，大女儿可好了，这天气雨伞热销。”老太太顿然释怀。这以后，老太太天天乐、月月乐、年年乐，日子过得很舒心。

由此可见，选择的角度不同，对问题的看法就会相差很远。当生活中的困难和挫折摆在我们面前时，只要我们不局限于传统习惯，换一个角度看待问题，便会产生截然不同的结果。

在现实生活中，许多因素诸如生活的压力、事业的艰辛、家庭的矛盾等，都很容易引起人们心理和情绪上的起伏和波动，不免给人们带来烦恼与困惑。一个人不管遇到多大的挫折，都不要忘了追求快乐，要给自己选择一个良好的心境。一个人心情舒畅时，许多问题也就迎刃而解了；消极的人会对所有的人和事感到厌烦，这将使他的思维变得迟钝。由此可见，快乐心境对每个人至关重要。

对事物的看法没有绝对的对错之分，但有积极与消极之分，每个人都要为自己的观点承担责任。消极思维者容易消极看待一切事物，并且为自己找到抱怨的借口，最终常常得到了消极的结果。接下来，消极的结果又会使他消极的情绪加强，从而使他的想法更加消极，如此，形成恶性循环。所有的这一切正如叔本华所言：“人并不受事物本身的影响，人们是受到对事物看法的影响。”我们不能改变环境，但我们可以改变自己对周围环境的态度。我们不可以改变自己的容貌，但可以展现笑容；我们不能控制他人，但可以掌握自己；我们不能预知明天，但可以利用好今天；我们不可能每战必胜，但可以尽心尽力。只要我们选择积极的思维，就能够抛却烦恼，从而收获意想不到的结果。

## 选择的重要性

无论你持何种信仰，你都具备选择的力量。你能选择鞋、服装、广播节目、电影、汽车、伴侣等。你有这种能力，外界力量便不能迫使你做出决定。你做了决定是因为你做出了选择。你做出了这样的选择，因为你希望它会像你选择的这样。如果这是个糟糕的选择，我们就希望我们可以去责怪某人或某事。于是，有人就说："这是上帝的旨意。"但是，是这样吗？你可能很熟悉那句老话："自助者，天恒助之。"不管我们是否信仰上帝，或者到底能够相信多少，但上帝确实赋予了每一个人自助的权利，换句话说，也就是选择的权利。

在这个世界上，只有我们自己错误的选择才会"主动"伤害我们。如果我们选择吃得太多并因此生病的话，该怪谁呢？如果我们选择快速开车以至于最终出了车祸的话，该怪谁呢？如果我们选择使自己的行为龌龊，令人讨厌，该怪谁呢？如果我们要把钱带进棺材，拼了命地去赚钱，成为"坟墓中最富有的人"，成为行尸走肉，该怪谁呢？如果我们没有学会怎样生活，该怪谁呢？ 我们不能责怪任何人。 这都是由于我们没有正确地运用上帝赋予我们的最伟大力量——选择的力量，才伤害了自己。

不是这样吗？ 你的人生由你自己决定，你事业的成败也完全由你自己决定。 当你认真地做出一个崭新的坚定不移的决定时，你的人生在那一刻便会改变。 有了决定就可以解决问题，有了决定便能使无穷的机会与快乐接踵而至，有了决定就能使事业成功，它是一种化梦幻为实际的神奇力量，是使无形转变为有形的催化剂。

当你明白了决定的意义时，便会知道自己身上早已蕴藏着这种力量，它不是有权有势的人的专利品，它属于所有的人。 只要你敢于坚持自己的主见，当你手握此书时就能获得这个力量。请问你今天是否愿意为自己的未来做出决定？

艾德是一个很“平凡”的人，他 14 岁时因感染小儿麻痹症致使头部以下瘫痪，必须靠轮椅才能行动，但他却因此而有了“不平凡”的成就。 他在白天依靠一个呼吸设备才得以过正常人的生活，但晚上则依赖他的“铁肺”维持生命。 得病之后他曾几次差点丧命，可是他从不为自己的不幸命运而伤心难过，反而期望有朝一日能帮助那些与他有相同病症的患者。

你知道他是怎么做的吗？ 他决定教育大众，不要以高高在上的态度认为肢体残疾的人一无是处，而应理解他们，顾及他们生活中的不便处。 在他十余年的推动下，社会终于开始关注残疾人的权利，如今在美国，所有公共场所的设施都设有轮椅专用的上下斜道，有残疾人专用的停车位，有帮助残疾人行动的扶手等，这都有艾德的功劳。

# 选择思考的方式

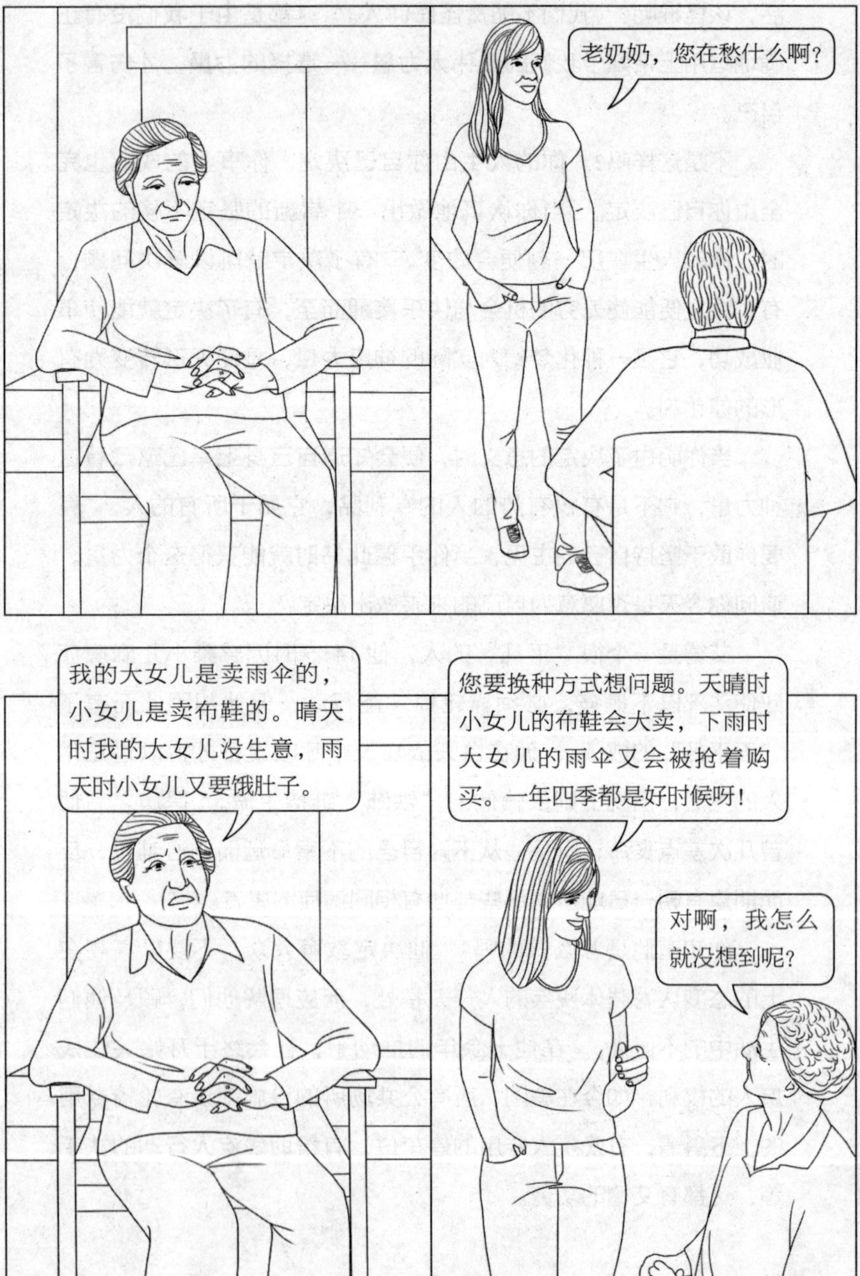

老奶奶，您在愁什么啊？

我的大女儿是卖雨伞的，小女儿是卖布鞋的。晴天时我的大女儿没生意，雨天时小女儿又要饿肚子。

您要换种方式想问题。天晴时小女儿的布鞋会大卖，下雨时大女儿的雨伞又会被抢着购买。一年四季都是好时候呀！

对啊，我怎么就没想到呢？

艾德的事迹，说明了肢体上的不便并不能限制一个人的发展，重要的是他是否决定要结束这样的不便。 他的一切行动只不过源自一个单纯的决定，如果换成是你，你会为自己的人生做出什么样的决定呢？

有很多人或许会说：“好吧，我也愿意为将来做个决定，问题是我不知道该怎样做决定。”只因为不知道方法便不敢做决定，往往会使你失去实现梦想的机会，从而导致度过平淡无奇的一生。 在此请你记住，不知道怎么做决定并不重要，重要的是你要决心找出一个办法来。 只要你做出选择，你便会发现，神奇的力量会随之而来。

1. 选择决定人生

在人生的航程中，你必须做出这样的决定：你是任别人摆布还是坚定地自强；是总要别人鞭策着你走，还是要自己驾驭命运。

每个人都会经常面临选择，就如同生老病死是人生的必经之路一样。 政治因素、社会因素、经济因素、心理因素、伦理道德因素、法律因素，还有文化因素……统统都纠结交错在一起，共同影响一个重大的选择。 每个重大的选择，无一例外都是上述诸因素的“合力”结果。 每一次选择都会体现一个人的人生观和价值观。 不仅会体现出一个人的意识层，更能体现出一个人的潜意识层。 因为潜在动力往往更具有决定作用。

人的本质是通过他所选择、追求的对象充分显示出来的。你所选择的事物、所追求的对象，反映了你的本质。 这是一个灵敏度极高、准确率极高的“指示剂”。

选择伴随着我们的一生，也决定了我们一生的成败和优劣。

选择是我们的身影，是竖立在我们人生道路上的指向灯。

人生哲学研究表明，出身不是很重要，因为它是偶然发生的、不可选择的。人生的真正起点是开始主动选择。唯有主动选择才能发现“自我”，有你的“自我表现”机会，你才能成为你自己的主体。

贝多芬就公开藐视家庭出身，高度赞美选择。他认为，公爵能够身世显赫，仅仅是由于出身，而这一点纯属偶然因素造成的，但贝多芬之所以成为贝多芬，是依靠他自身的主动选择，全在于他自己的坚强意志、他的努力奋斗。

在我们一生中，事业和爱情的选择会决定我们一生的成败。所谓命运的选择，也就是事业和爱情的选择。

在我们的一生中，事业的选择并不是一锤定音。第一次选择当然最重要。高中毕业时我们一般会做出第一次重要选择。当你既酷爱钢琴又迷恋物理学，在报考音乐学院和物理系之间做决定性选择的时候，你一定深感痛苦。因为你两样都爱，绝不甘心放弃其中一样。最好的选择方案可能是读物理系，把钢琴作为业余爱好，这样它成为能够带给你安慰、使你终生快乐的源泉。即便是进了大学物理系，也会面临着选择。例如，到底是选择理论物理还是选择实验物理？也许，最富有戏剧性的选择是当你读到三年级的时候，诗歌和小说创作激发了你极大的兴趣。这种兴趣竟超越了物理学。你要在文学和物理学之间做一个新的选择，这时需要极大的勇气，因为外界舆论与环境会给你带来极大的压力。

倾听你内心的声音，新的选择会使你不断“发现自己”。

人生的一大悲哀，莫过于让别人替自己选择。那样人就会变为被人操纵的机器。 掌握自己的命运，要靠自己正确的选择。 成功的选择造就成功的人生，似乎已成为人生中不变的一条定理。

人生选择的关键时期是青年时期，一个人今后从事哪种职业，会走什么样的道路，其多半在这期间即已确定。 当然，也有例外。 但无论如何，一个人在青年时期做的选择，尤其是内心的选择，无疑将影响其终身。 选择是自由的，但同时也令人备受煎熬。 对那些聪明能干，具有多种潜能的人来说，目标不明、举棋不定的痛苦尤为深刻、强烈，因此选择须是明确而果断的。 心理上稍有怯懦就会使今后的人生之路上荆棘遍布，而一旦克服了这种软弱，也许对将来的发展会有意想不到的影响。这方面，一个典型人物就是率先打破音乐与绘画界限的德国表现主义画家克利。

保罗·克利（1879～1940）出生于欧洲的“花园之国”瑞士。 他的父亲是音乐教授，母亲是歌唱家，双亲都从事音乐方面的工作。 克利从小就喜欢音乐、绘画和文学。 他具有很高的艺术天赋。 11 岁时，克利就被特邀演奏巴赫的作品，成了颇有名气的小提琴手。 克利在音乐上的发展，明显地比他在其他艺术领域要快得多。 然而，没有想到的是，他好像着了魔一般，狂热地喜爱上了绘画。 克利想，音乐的伟大时代已经过去了，绘画的伟大时代才刚刚拉开帷幕，新的艺术语言将首先从现代绘画中产生。 克利不肯放弃绘画。 18 岁时，也就是在他大学预科班学习的那段时间，克利出众的才华在诗歌创作方面也显现出来。 对他来说，要成为一名领衔的诗人或作家是完全有可能的。 丰富的艺术才华对克利来说可能太多了。 究竟该选择哪一条道路，克利感到惶惑、痛苦，不知如何是好。

克利并不是人云亦云、胆小怯懦的人。他一边学习音乐，一边一刻也不停地钻研绘画艺术。预科班结束后，克利不顾家人的反对进了慕尼黑皇家学院学习绘画。他怀着满腔热情去探索如何将音乐与绘画沟通。克利发现，音乐诉诸听觉，绘画诉诸视觉，两者差异太大了，根本就没有沟通的可能。而德国的古典音乐和德国现代绘画之间几乎没有什么一致的地方。克利感到困惑不解。

大学毕业后，克利感到无法走出精神的困惑，便离开了德国，去意大利旅游。他想从现实中逃避，安静地考虑一下。在意大利期间，他不断反省，感觉自己在音乐方面还是最有天分的。这个想法对他来说是个安慰。回国后，克利放弃了绘画，全身心投入音乐之中，他先后担任了波恩和苏黎世管弦乐团的第一小提琴手，在音乐上获得了一系列成功。27 岁那年，他和一位音乐家结为夫妇。在音乐这条路上，克利一切都很顺利。从这儿看来他的道路似乎已经固定了。然而，就在他的音乐生涯走向黄金时代的时刻，就在他即将要完全离开画坛的时候，就在他的音乐事务最繁忙的那些日子里，克利忽然看到了音乐与绘画连接处的一线亮光。克利发现，声音是音乐的基本元素，色彩是绘画的基本元素。声音与色彩，两者从表面上看毫不相关，而本质却是一致的。

克利毅然决然地中止了他的音乐之路，全心全意地投入了音乐与绘画的理论研究中。他进一步发现，音乐与绘画在节奏上是相通的。绘画的色彩中蕴含着明晰的音乐性，而音乐的声响中也有绘画的色彩感，绘画的音乐性表现在绘画色彩的节奏上，音乐的节奏感也表现出音乐的色彩感。克利终于找到了连接音乐与绘画这两门艺术的关键点——节奏。他开始深入研究塞尚和康定斯基的绘画理论，开始建构一种崭新的绘画语言。由于看到了两门艺术相互融合的光明前景，克利重新拿起画笔，开始了极富诗意和音乐性的绘画创作。经过十多年的摸索，克利终于找到了一条独特的艺术创造道路，开拓了现代绘画的世界，成为表现主义绘画的开山鼻祖。

你看，选择的力量结出了奇异的艺术花朵。在人生中我们每个人都会面临很多选择，好好把握你的人生吧，牢牢抓住选择的机遇，你的生命就会因此而开出美丽的花朵，结出丰硕的果实。

2. 选择比什么都重要

当我们慢慢长大、成熟，会逐渐通过选择来发现和体会到我们不曾发现的真情与关爱。

在乔治的记忆中，父亲一直就是瘸着一条腿走路的，除此之外他的一切都平淡无奇。所以，他总是想，母亲怎么会嫁给这样一个人呢？

一次，市里举行中学生篮球比赛。他担任队里的主力。乔治告诉母亲他希望母亲能陪他同去。母亲笑着对乔治说："那当然。你就是不说，我和你爸爸也会去的。"他听罢摇了摇头，说："我不是说爸爸，我只希望你去。"母亲惊奇地问他为什么，他勉强地笑了笑，说："我总认为，一个残疾人站在场边，整场比赛的气氛就变了。"母亲叹了一口气，说："你是嫌弃你的父亲了？"正在这时，父亲走过来说："这些天我得出差，有什么事。你们商量着去做就行了。”

比赛结束了，乔治所在的队得了冠军。在回家的路上，母亲高兴地对乔治说：“要是你父亲知道了这个消息，他一定会高兴得唱起歌来。”乔治沉下了脸，说：“妈妈，我们现在不提他好不好？”母亲无法接受乔治的态度，生气地说道：“你必须告诉我这是为什么。”乔治满不在乎地笑了笑，说：“不为什么，就是不想在这时提到他。”母亲的脸色凝重起来，说：“孩子，我本不想说这些话，可是，我再隐瞒下去，你爸爸就有可能受到伤害。你知道你爸爸的腿是怎么瘸的吗？”乔治摇了摇头，说：“我不知道。”母亲说：“在你两岁那年，你爸爸带你去花园里玩，在回家的路上，你左奔右跑。忽然，一辆汽车急驰而来，爸爸为了不让你被汽车撞倒，左腿被碾在了车轮下。”乔治顿时呆住了，说：“这怎么可能呢？”母亲说：“这有什么不可能的？不过这些年你爸爸不让我告诉你罢了。”

两人慢慢地走着。母亲说：“有件事可能你还不知道，你爸爸就是你最喜欢的作家布莱特。”乔治惊讶地蹦了起来，说：“你说什么？我不信！”母亲说：“我怎么会骗你呢，你爸爸也不让我告诉你。你不信可以去问你的老师。”乔治急忙跑到学校，打算找老师问个究竟。面对他的疑问，老师笑了笑，说：“这都是真的。你爸爸之所以不让我们告诉你这些事情，是怕影响你的成长。但现在你既然知道了，那我就不妨告诉你，你爸爸是一个伟大的人。”

两天以后，父亲回来，乔治问父亲：“你就是那位大名鼎鼎的作家布莱特吗？”父亲愣了一下，然后笑道：“我是写小说的布莱特。”乔治拿出一本书来，说：“那你先给我签个名吧!”父亲看了他片刻，然后拿起笔来，在扉页上写道：赠乔治，其实选择比什么都重要。布莱特。

多年以后，乔治成为一名出色的记者。

每当有人让他介绍自己的成功历程时，他就会重复父亲的那句话：其实选择比什么都重要。

## 选择你的财富

许多人都渴望拥有财富，都渴望有朝一日可以对自己说：“现在，我再也不用为没钱担心了。”于是，人们就制订了很多的计划与方案，都想尝试运用不同方法走上富裕之路，但这些努力最终都没有换来成功。最后，他们全都丧失了信心，认为自己根本没有发家致富的能力，不可能坐到那个令人羡慕甚至嫉妒的位置上。其实他们失败的关键在于，他们虽然尝试了各种各样的方法，但就是没有尝试改变自己的思维——而改变思维是通向成功的重要途径。

一百多年前，有个聪明的人熟知蒸汽机的广泛用途。当看到密歇根州的小麦和牧草白白烂在地里时，他将蒸汽与磨面机有机地结合在一起。机器声依然像以往那样“隆隆”地吼叫着，运转着，但是却使得密歇根州开始向饥饿的纽约和英国提供面粉。厚厚的煤层自洪荒以来一直被埋在地底下，直到有人用镐头和绞车从地下将煤挖出来，从此它便作为一种可以转移的“气候”，即使是在拉布拉多和极地也能让人感受到赤道的热量，因为每一筐煤炭都蕴藏着能量和文明，于是我们称它为黑钻石。 自从史蒂芬逊发现每半盎司煤炭即可把两吨货物牵引1 英里后，以煤运煤的火车很快就使冰天雪地的加拿大变得像加尔各答一样温暖宜人，随之改变的便是当地工业的实力。

当贩夫把南方的水果运进北方的城镇时，水果的价格比那些没有商品化的水果价格增加了许多。 商人知道把货物从盛产之地运送到它稀缺的地方，以此来实现供需平衡，便能更多地增加价值。

通过正确运用这种选择的无穷力量，你一定能够很快地改善自己不理想的财政状况。 但是只有极少数人才懂得如何正确运用这种巨大的力量。

财富的积累的好处在日常生活中随处可见，当你拥有结实的屋顶，它能够抵挡风雨的侵袭；当你打了一眼水井，它能为人们提供大量清甜的井水；当你置备两套外衣，便可以在汗湿之后及时更换；当你有干柴可烧，有双芯油灯照明，有一日三餐充饥，有工具劳动，有可读的图书，有一匹马或一列火车载你穿过大地，甚至有一条船去航海，当你拥有这些工具后，你能使自己的各个方面的力量得到加强，这就等于为你增添了手脚、眼睛、血液、时间以及知识。 圣人之所以为圣人，是善假于物的结果。

1. 要使自己拥有财富的思维

假如我们能使自己关于经济状况的思维得到扭转的话，那么其他方面的变化也会随之出现。 所以，我们应该去选择有意义的、健康的财富思维。

通过正确使用选择这种伟大的力量，你很可能改变自己的财富状况。许多人都没有正确地使用这种力量，从而导致他们成为自己所追求的那种东西的奴隶。

曾经有个青年人，他生活艰难得如同在苦海中挣扎。很长一段时间他都找不到工作，最后，他找到一份一点都不值得骄傲的工作。这个青年人已经结婚并有了一个孩子，但他只能按捺住理想说："我不想挣大钱。"每一天，他都把省吃俭用的钱存起来，以便他的孩子长大后可以去读书。他放弃去繁华市中心看电影的机会而选择看街道放映的露天电影，因为这样他能节省2角5分钱；他从不去好一点的饭店吃饭，因为那里的花费比较贵；他买东西时，只挑"全家"的东西买；他没有钱不能带家人外出度假。但他还是按捺住理想说："我不想挣大钱。"

由此观之，对数以万计深陷贫困苦海而不能自拔的人，你还会感到奇怪吗？他们选择让自己继续在贫困中生活，但却对选择的力量还浑然不知，他们也未曾体验过这种力量。他们宁愿归于贫困，因为从来没有人会因为生活节俭而被别人指责。很多人只能精打细算地过日子，否则他们就无法继续生存。这些人完全可以选择这种巨大的力量，他们本可以让自己的大脑充满生活的美好。

但是，我们每天都会听到抱怨的声音："我很想买那件东西，但我没有钱。""我没有钱"这可能是事实，但不能将这事实说出口，假如你继续说"我没有钱"，那么，"没有钱"将会伴你一辈子。选择一种上进的思想，例如，"我得买下它，我要拥有它"。当要拥有它的思想出现在你的脑海时，你的生活就出现了希望。千万不要毁灭自己的希望。假如你毁灭了它，自己就会陷入无聊、困惑、失望的生活中去。

杰姆是一位十分能干的年轻人，他能把任何事情做得很好，但他却挣不到多少钱。人们都不明白这到底是怎么回事：杰姆很有上进心，长相也不错，很讨人喜欢，无奈他一年又一年的奋斗都是徒劳的。后来，杰姆请求一位智者为他指出问题的所在。他对智者说："我能做好任何事情，除了挣钱之外。"智者为他指点了迷津，他开始明白，其实问题很简单，只不过是自己对关于赚钱的思维选择不对，一切就因此都改变了。他不再说："我能做好任何事情，除了挣钱。"他开始说："我能做好任何事情，包括挣钱。"以后的几年里，年轻人的财务状况发生了明显的改变，他开始赚到钱，他的经济状况日新月异。现在，人们都认为他已经是个富翁了。这个年轻人本来很有可能终生面临一个困惑，即自己为什么能做任何事情却赚不到钱。但他一旦明白这一切都是因为自己选择了错误的想法后，他立即积极地改变了这种想法，于是，他的经济状况开始朝好的方向发展。

选择的力量能够给人带来更好、更有效的致富方法。

2. 对于财富也要懂得放弃

对于饥饿的人来说，选择金钱可以拯救生命；对于贪婪的人来说，选择金钱无异于自杀。

有这样一个很有哲理的故事：

一个穷人住在一间破败不堪的屋子里，他穷得连床也没有，只好躺在一张长凳上。

穷人自言自语地说："我真想发财呀，如果我发了财，绝不会啬惜钱财。"

这时候，上帝在穷人的身旁出现了，说道：“好吧，那我就实现你的愿望，我会给你一个有魔力的钱袋。这钱袋里永远有一块金币，这块金币永远也拿不完。但是，你要记住，在你觉得你拥有了够多的金钱时，要把钱袋扔掉才可以开始花钱。”

说完，上帝就不见了。在穷人的身边，装着一枚金币的钱袋真的出现了。穷人把那块金币拿出来，里面又有了一块。于是，穷人不停地从里面拿出金币来。穷人一直拿了整整一个晚上，金币已有一大堆了。他想：啊，这些钱足够我花一辈子了。

到了第二天，他很饿，很想去买面包吃。但是，他必须扔掉那个钱袋才能花钱。于是，他拎着钱袋向河边走去。

他又开始从钱袋里往外拿钱。他一想到要把钱袋扔掉时，就觉得钱不够多。

日子一天天过去了，穷人完全可以去吃最奢侈的大餐，住最昂贵的房子，买最豪华的汽车了。可是，他对自己说：“还是等钱再多一些吧。”

他不吃不喝地拿，金币已经快堆满一屋子了。然而他却变得弱不禁风，头发也全白了，脸色蜡黄。

他虚弱地说：“我怎么能扔掉这个宝贝呢，金币还在源源不断地出来啊！”

终于，他倒了下去，死在了长凳上。

这个故事告诉我们：金钱并不是万能的，只有当人们能够合理地利用它时，它才会造福于人类，否则，一时的贪心也可能导致人财两空。 因此，如果我们要拥有财富首先要懂得放弃财富！

## 选择你的环境

每个人一出生就会生活在前人创造出来的社会环境中。对于这种既成的事实，人们是无法选择的。人们面临的社会环境有大小之分，社会大环境是指整个社会环境及其发展趋势、水平、性质和状态。人与社会大环境的关系极为密切，人只能在一定的社会大环境范围内活动，但这并不是说人只能消极地适应社会大环境。在一定程度上人可以影响社会大环境，并对社会大环境加以创造和利用。

马丁·科尔在其著作中详细论述了社会小环境。社会小环境是指个人直接接触的生活范围，如家庭、学校、住区、单位及社交活动的范围等。社会小环境对人具有显著影响，个人离不开社会小环境。在社会小环境内，家庭成员的思想、政治观点、道德文化水平及经济生活水平，学校的教育教学水平、学风、校风、班风的情况，单位的文明建设、科技教育、政策措施、组成人员、物质条件、居住环境的风气，以及个人接触的社会成员等，都在不同程度上直接或间接地影响着个人的一生。

社会小环境对个人的影响集中表现在人的社会化过程中。

家庭是个人所接触的第一个社会小环境，家庭是人生的起点和归宿。个人在生理成长、心理发展以及生活技能的学习和积累上，都离不开家庭。家庭是指导儿童踏上生活之路的第一所学校；家庭里的一切物品是孩子面临的第一个世界；家庭里的欢声笑语、悲啼哭泣，是孩子听到的最初的声音；家庭里的父母兄姐，是孩子接触的第一个群体；家庭里的一言一行是孩子学习的第一个典范。所以，家庭对儿童具有重要的教育职能，家庭教育的优劣往往影响人的一生。家庭不仅有教育的职能，而且可以给人带来温暖，可以给人以心理上、精神上的满足。

学校是人社会化的重要场所，是对个人产生重要影响的社会小环境。学校能有目的、有系统、有组织地对人进行社会化。学校不仅传授给学生文化知识，而且教导学生自觉遵守行为规范。后者是社会化的一个重要内容。学校的作用之一就是要让学生学习各种类型的社会行为规范，使学生在自己的一生中都能自觉地遵守。在人生的整个过程中，大部分行为规范都是在学校中学到的。

此外，一个人所接触的社会成员也会对他产生很大影响。所谓“近朱者赤，近墨者黑”，与生活的强者交往你将获得力量，与品德高尚的人来往你将获得高尚精神，与学者来往你将获得知识，与正直者来往你将获得勇气，与聪明者来往你将获得智慧。相反，与市侩者来往你得到的是庸俗，与无为者来往你得到的是消沉，与强盗来往你得到的是残忍和肮脏。总之，与高尚的人来往你将得到真善美，与丑恶的人来往你将得到假恶丑。

社会小环境不仅会影响人的社会化，还会影响人的个性发展。社会化对于个人来说，既是发展人的社会性的过程，也是完善人的个性的过程。人的个性是在社会化的过程中形成的。通过社会化，人们学习基本的生活技能，养成一定的生活习惯，接受社会的生活目标和社会规范，确立一定的世界观、人生观、价值观。在社会化过程中，人们直接参与社会生活，逐渐地形成一定的兴趣、能力、性格。人的个性受先天素质、个人经历、家庭背景、学校教育等影响，同时社会大环境也会影响人的个性发展。在人的继续社会化和强制教育的再社会化的过程中，人的个性受社会环境的影响更大，而社会小环境对人的个性的影响则更具体一些。

马丁·科尔认为，社会大环境与社会小环境共同构成了个人成长必需的环境，个人受人生环境的影响和制约，但是个人也不是完全消极地适应人生环境，而是能够能动地反作用于人生环境。总之，每个人都是你自己的主人，都应当以主人的姿态去选择、去影响、去改变你的人生环境。

1. 选择你的工作环境

想提高工作效率，就必须选择比较舒适的工作环境。

光线不充足，会直接影响工作效率。尽管你的头脑清晰，但如果眼睛疲劳，效率一样不高。

不光是照明设备，你周围所有的环境，都会影响到你的感觉及心理反应。譬如，工作场所的墙壁不适合漆上刺眼的红色。当然，太暗的颜色也不好，具有安定情绪的颜色是最佳选择。有人认为，淡青、淡蓝之类的冷色系的环境适合进行脑力工作，不过，冷色系容易让人感到沉重和压抑。例如，整面白苍苍的墙壁容易让人联想到医院，感觉不太好，同时也会因眼睛受到刺激感到疲劳，所以柔和的肉色系，感觉上较为舒服。当然具体选用什么颜色也要看个人喜好。

选择合适的工作场所对提高工作效率也有重要影响。

工作内容不同，工作场所自然不同。譬如，需要参考许多资料的工作，工作者身边自然就要有随手可得的参考资料。否则，缺乏参考资料，即使再认真，一样不会提高效率。这个道理虽然人人都懂，但奇怪的是，仍然有很多人视而不见，尽是做些没有效率的事情。

有很多作家喜欢将自己关在饭店或旅馆内写稿。如果把必备资料带齐，由于在旅馆内不受干扰，他们可以长时间埋头苦干，自然就可以提高工作效率。

并不是所有的工作都能在旅馆里面完成，因为办公室或家里的参考文件及资料不可能全部搬到旅馆里面。所以，即使住进旅馆可以远离噪音，但仍然要分清楚什么事可以在旅馆做，什么事不能。

反过来说，如果已确定投宿旅馆，可以事先做好准备工作。

总之，任何一个工作环境都有其特定的性质，我们必须事先了解工作环境的特质，然后根据所要完成工作的性质，去选择你的工作环境，这样才能有效提高工作效率。

2. 我们不可以控制环境，但可以控制想法

每个人都生活在这个社会环境中。外部环境有时对我们有利，有时对我们不利。有的人甚至在情况好的时候都活不下去，更不要说情况糟的时候了。之所以会有这样的感觉是因为

他们没有运用最伟大的力量——选择的力量。当困难到来的时候，许多人心中充满了失望与怯懦，他们习惯性地向后退缩，等着别人采取措施来改变这种状况。而另一部分人则会运用选择的力量，这种人即使身处逆境也有可能走上成功之路。许多最伟大的事业都是在所谓的困难时期开始并建立起来的。为什么呢？原因是这些事业的开创者不相信所谓的困难，在他们眼里敌人只有自己，无论如何他们总是逼迫自己朝前走，最终他们成功了。在困难时期，我们也会遇到很多有利条件，而这些有利条件即使是在境遇较好时也不一定能遇到，如企业初创阶段所需要的资金较少，或是很容易就可以找到帮手，费用也不高，或是竞争不是那么激烈。而这些往往都被那些悲观者忽视。

每个人都懂得，自己不能控制周围的环境，除非你正好做了政府的首脑，如果你在政界身处领导者的地位，你也许可以发号施令，对周围的环境进行有效的控制。我们虽然控制不了环境，但我们能够控制自己内心的想法，通过运用选择的力量对自己内心的想法进行控制，我们可以对周围的环境进行间接的控制。

世界上到处都是满怀失望的人们，只要稍微有点勇气的人就可以比较轻松地获得成功。

现实生活中，平凡者是大多数，伟人还只是少数。究竟能否取得成功有时仅取决于你的想法，成功者经常运用最积极的方式去思考，让自己的人生受最乐观的精神和最辉煌的经验来支配。失败者恰恰相反，过去的种种失败和疑虑影响并支配了他们的行动和人生。在困难面前，成功者仍然抱以积极的想法，用“一定会有办法”“一定能解决问题”等积极的意识来鼓励自己，于是不断地想办法，不断前进，直至成功。遇到困难，失败者往往被消极的思想所控制，想着“我不行了，我还是退缩吧”，最终陷入失败的深渊。

这就是选择的力量。虽然我们控制不了环境，但我们可以控制自己的思想。那么，为什么你不选择积极的想法，摒弃消极的思想呢？

# 第四篇

## 最伟大的励志书

（美）奥里森·马登

## 高贵品质是最大的财富

举止言行是否得体，将直接影响自己在别人心目中的形象。这是因为，一个人最吸引我们的，不是美丽的外表，而是得体的言行举止。古时候，希腊人认为美貌是天生的，与此同时，如果一个美貌的人表现出某种不相称的内在品质，他们往往会蔑视和嘲笑这个人。古代的希腊人认为，外在的美貌其实是某种内在美好气质的反映，这些气质包括善良、诚实、仁厚和友爱，等等。法国政治家米拉波其貌不扬，据说他长了一脸麻子，但很多人却被他的风度所深深地折服。

不少人之所以无法做到更加完美，不能向世人展现他们最优雅的品质，正是由于他们的性格中杂质太多了。无论有什么样出色的品质，一旦表现出粗暴、唐突、不合时宜的话，其价值自然会大打折扣。而事实上，只要我们对自己的性格言谈多加注意，举止得体，往往可以做到事半功倍。

据说，古希腊著名画家阿佩斯为了把美神图画得逼真、生动，只随身携带干粮到处采风，以便仔细观察各种年轻貌美的女子，将她们最美的地方都聚集到他画的美神身上，历时数年之久终于实现了他的预定目标。同样，一个品格高尚的人，应当多观察和研究他所接触的特定圈子的人，汲取别人的优点，这样才能实现自我提高。

教养是每个人必须具备的东西。得体的举止能够代替金钱的作用，有了它好比有了一张通行证一样，所有机遇的大门都向他们敞开，即使他们一无所有，也会处处受到人们的款待。他们能够享有一切，即使付出的并不多，他们在哪里都能给人以阳光般的温暖，到处受到人们的欢迎。因为他们带来的是欢乐以及一切美好的事物。而一切妒忌、卑劣的心思，遇到它们都会退却，善良、诚实的心灵能够打动一切。

### 1. 使人进入天堂的品质

有一年冬天，在英国的爱丁堡，一个有教养的男子在大街上被一个卖火柴的小男孩拦住了。小男孩身体瘦弱，虽然天气很冷，却仍然光着脚，脚趾已经冻得发紫，穿着很单薄。“哦，我不需要。”绅士说。“一盒火柴只要一便士，先生，这是多么便宜呀。”小男孩继续拉着这名男子的衣角乞求道。“但是，我确实不需要。”“那么一便士两盒，您看好不好?”男孩又说。

“我想打发他，”这位绅士后来把他那天发生的事情写成文章发表在杂志上，“只好买一盒，但刚好我身上没有零钱，我就对他说，我今天没带零钱，明天我再来买吧。

“‘就现在买吧，先生，’小男孩开始祈求我，‘我可以为

您换零钱的。我已经饿了好几天了。’

“我犹豫了一下，就给了他一先令，小男孩跑开了。我在那里等了一会儿那个男孩，可是那个男孩的身影再也没有出现。我想我的一先令一定被那个男孩骗走了；但是，那个男孩的神情却使我很相信他，因此我并没有往坏处想。

“那天深夜，当我在客厅里看报纸的时候，我的仆人走过来告诉我说有个小男孩要见我。我让他把孩子领进来。那是一个我不认识的小男孩，他告诉我他就是今天卖给我火柴的男孩的弟弟，他穿的衣服比他哥哥的还少。他站在那里，显得有些窘迫，他努力把手往衣服里伸，好像在找什么东西，他很小心地问我：‘您是那位向桑迪买火柴的先生吗?’‘是的。’我回答。‘这些是他让我转交给您的钱。’他把钱放在我的手里，‘桑迪来不了了，他被一辆马车撞伤了，帽子、火柴，还有您的十一便士，全丢了，腿被轧断了，受了重伤，医生说救不活了。他只好叫我来把钱还给你。’他把钱放在桌上，终于忍不住开始大声哭了。我让他在我家里吃了晚饭，然后和他一起去看那个小男孩。

“到了桑迪的家后，我才发现，这两个孩子真可怜，原来他们是和养母住在一起。亲生父母早就离开了人世，养母常常酗酒，还虐待他们兄弟俩。桑迪躺在一堆木屑上，虽然光线很暗，可我一进门，他就认出我来了，非常抱歉地对我说：‘先生，我换了零钱，正往回赶，可是被马车撞倒，腿被马车轧断了……鲁比，我的可怜的弟弟，我快要死了。可是，我死了谁来照顾你啊？你以后怎么办呀，鲁比?’

“我握住他的冰凉的手，告诉他我会照顾鲁比的。他听懂了我的话，朝我笑了笑，表达了对我的感谢。然后，他的眼睛永远地闭上了……

这个身世悲惨的小男孩如果想进天堂，便意味着他必须遵守社会某些道德原则。他不知道天堂有没有车来车往，但是，对正直、高尚、诚实这些品质，他知道的远远比那些驾着马车把他撞成重伤的人多得多——而只有这些高贵品德才能使人进天堂。

2. 品格就是力量

假如有人愿意为某种不是自己想要得到的事物而奉献所有的时间、精力，甚至还甘愿为这些牺牲自己的生命，那么，无论他为之献身的对象是什么，国家也好，民族也好，或者同胞也好，都表明，他的所作所为比人们所做的一切斋戒和祷告更能体现人世间美好的品德。

美国著名思想家爱默生写道："以前，我曾经在某本书上看到，凡是听过查塔姆勋爵讲过话的人都认为，勋爵所说的内容不管如何精彩都比不上他本身所具有的某种东西更有吸引力。"卡莱尔也曾向别人倾诉说，尽管他把与米拉波有关的全部事实讲得很清楚了，但还是无法完全表明他对米拉波所怀有的景仰：他认为米拉波是个百年难得一遇的天才。普鲁塔克所描述的那些英雄人物，包括格拉古、阿吉斯、克里奥米尼三世等，他们的事迹远远比不上他们的名气。菲利普·西德尼爵士，以及沃尔特·拉雷爵士，都是赫赫有名、却很少有事迹流传下来的天才人物。华盛顿也是一样，不管如何绘声绘色地讲述他的功绩，也不能完全地让人领略到他个人的独特魅力。席勒的作品本身似乎也不如他的盛名更为人所知。 这种名声和作品或事迹不相匹配的现象，我们该如何解释呢？

原因主要在于，这些杰出人物身上都有某种特殊的品质，而这种特殊品质导致人们对他们产生了一种不符合实际的期望。他们具有很强大的力量，绝大部分是一种内在的力量，而这就是我们称之为品格与个性的东西；这种力量是源于内心深处的，正因为它的存在，产生了许多直接的影响，并且影响深远。当然，人们通过能力、口才也能够对他人产生影响，但具有不凡的品格的人却是凭借他的内在的力量来影响别人的。 他被称为“伟大”的原因也在于他本身就超出别人，并不是单纯靠着某些外力的作用；他一出现往往改变了一切，所以他能够取得很大的成就。

不管是在哪一个国家，总会有这样一些人的存在，他们甚至不用发号施令，就很容易使自己的目标得以实现。 他们的影响力，和他们自身所具有的能力有时甚至不成正比。 人们也不免困惑不已，到底是什么原因，使人们这么容易就信仰他们？ 其实这并不奇怪，任何人都会崇拜并追随那些具有非凡品格的人，因为品格就是力量。

## 积极进取就是力量

人生首要的事情，就是要保持我们的能力，在最理想化的状态下储备我们的精力，维护我们的身体，以使我们对付任何事都能用尽全力，使出狮子捕猎般的气概来。让自己保持最佳状态，这是每个人的一种自然的责任。

现实中有不少青年男女，有可以成大事的本钱，但却只能做些微不足道的琐事，由于处处受牵绊而度过其庸碌的一生，因为他们体力甚缺，也缺少生命力，因此没有能力以排除横在途中的各种阻碍。说到自爱，须从精神上珍爱自身。人在心中怎样评价他自己，他就会变成怎样。他的内外的生命历程，都是他心中所想的体现。所以，假如你自己想成为某一类人，你就该把你自己当作那类人看待。对自己足够重视是自爱的第一要素。

我们可以看见许多办事员整天浑浑噩噩。这是他们不积极的生活、不积极的想法、不积极的习惯造成的结果。这些人在生命中不能做出大成绩来，是不会令人诧异的。有着种种的大好机会，只因自己的精力已在不必要的情形下消耗掉，而没有力量去抓住那些机会，或者虽能暂时抓住，最终还是被溜了过去，这真是人世间所能品尝到的一种最令人沮丧的苦果啊！

很多人对待自己的身体，往往不及对待宝贵的机器或其他可以从中取得丰厚利润的物件那样认真。举个例子，消化系统是供给我们全身能量的机关，然而我们对待它的方法却总是不恰当。我们总是把它绝大多数能量耗费在消化各种过剩的或垃圾的食品上，而在消化必需食品的时候，反而发生问题。有些人，则与上面所说的那些人恰好相反，为着“经济”原因不去充分地摄取必需的各类营养，因之全身的各部分组织，都呈现一种半饥饿的状态。有些人则为了要珍惜时间等理由勤奋过度、放弃了一切应有的休息及娱乐，因而损坏了他们的生命力。

有了才能却因身体孱弱之故不能发挥，才能又有什么用呢？假如你因不健康的生活，或因没有及时地注意和休息，使得身体不健康，生命力减弱，甚至于一举手一投足之间，即显出精疲力竭的样子。那么即使你再聪明，即使可被称为天才，又有什么用处呢？

浪费生命的人是一种至坏的败家子。这种人比那些浪费金钱的败家子还要可恶。他们简直是在自杀，杀掉他们自己生命中的种种机遇、成功。从有限生命的角度来说，不爱自己与不爱他人，同样是一种大罪恶。

效率是人生第一大事。假如你想在世界上有所表现，则你的时间是宝贵的、精力是宝贵的。精力是你的生命资本，你要把它谨慎地抛掷在有意义的地方。

1. 学会管理你的情绪

能控制自己的情绪，统治自己的心灵是每一个伟人的特征。

一个善于控制自己情绪的人，可以消除忧虑、解除烦恼，这和化学家以碱来中和酸是一样的原理。不懂化学的人不知道中和的道理，将酸性物质加入酸性溶液中，不但无法实现中和，酸性反而更强。化学家们都了解酸碱的特性，当然不会犯这种错误。一个会控制自己情绪的人，他知道用幸福的解药来消灭灰心丧气的神经、忧郁的思想。用乐观的思想能消灭悲观的思想；用和谐的思想能消除偏激的思想；用友善的思想能消灭仇恨的思想。因为知道种种控制自己情绪的方法，他的心灵便脱离了痛苦。

面对自己思想上的种种忧虑和烦恼，很多人都没法将它们消灭，原因在于他不明白心灵上的化学原理。谁都会面临心灵上的烦恼，不过到了一定时间，我们要用理性的力量来指导自己，用适当的消毒药来消灭心灵上的各种忧虑。一旦你的心中充满了悲观、固执、仇恨的念头，你应该马上转到对立面上，这样就能产生乐观、和谐、友善的念头，这原理如同把冷水管的龙头一开，沸水便会立刻降低温度一样。像调节温度一样调节自己的情绪是我们应努力做到的，在水太热的时候就要把冷水管的龙头打开。发怒时，就马上转到友爱和平的思想上，这样自然就能使怒火烟消云散了。有了友爱的思想，仇恨便被消灭了。有了爱人如己的情绪，就不会产生猜疑和报复的恶念。很多人并不是以善美的思想来代替恶念，他们认为只要把恶念消除掉就可以了，但是他们不了解，驱逐恶念最有效的武器是善念。谁也没办法去掉屋里的黑暗，可是，只要有了光，黑暗便无影无踪。

人的身体由不同的细胞组成，如脑细胞、骨细胞、肌肉细胞等，我们的健康全依赖于各种细胞的健康。身体上的许多细胞都是紧密联系的，每个细胞能否保持健康，有生命还是死亡，都与人的思想有紧密联系。

生理学家通过实验发现，邪恶的思想对人身的细胞损害很大，被激怒而使神经系统受到的损害，要花上数星期才能恢复原状。生理学家还发现，健康、愉悦、和谐、友善的思想，都有益于全身的细胞，都有益于增进细胞的活效，而与此相反的情绪，例如偏激、绝望、悲伤等，都对细胞的活力有害。科斯教授通过实验发现，能使身体受到损伤的是生气和忧愁的情绪，而快乐的情感有滋养身体的力量。科斯教授还说："不好的情感，对于人体的思想，有着一定的阻碍作用。良好的情感对人有着全面的有利影响。脑神经中的每一个思想，都因细胞的组织而更改，而这更是永恒的。"

每种污染都可以经过化学的方法来中和。污浊、鄙陋的思想同样能由健康的思想、正确的思想来消除。固执、不乐观、不和谐等都是不利于健康的，而只有真实、美满、乐观的思想，才会提高人生的意义。如果人有了健康的思想，那不健康的思想便会被清理得一干二净。

2. 希望就是一切

常言说得好，生命与希望同在。只要你认为你可以享受人生的乐事，只要你自己服从这个乐观的思想就行。

遗憾的是，许多人极端地对待他们自己的生活，他们不在金钱上苛刻对待自己，而是在思想上苛待自己。他们的思想空虚，精神匮乏。他们的心理承受能力不是一般的差，任何一件小事都会左右他们的生活。也有身残但志却不残的人，他们虽然经受着病魔的折磨，但是他们的精神是无法被战胜的，他们不向困难屈服。积极上进的力量加上心律调节器能使他过上一种幸福的生活。那么，就让你的自我心态做你的心律调节器好了。让你那乐观积极的自我心态给你面对困难的力量，坚持不懈，精心打造你美好的未来，你的希望就在这里。

很多人年少时，都认为“智商”是一种特别重要的东西。人们都热衷于做些智商测验，想知道自己有没有成功的潜力。只要他对很多问题都回答正确，那他就是一个“天才”；如果他答错了很多问题，或者根本答非所问，他便被认为愚笨，肯定是个傻瓜、低能儿。任何人，如果在智商测验中获得比较高的分数，人们都相信他肯定会成功，相反，如果得分很低，人们便认为他没有什么前途。事实上，智商评估得出的结论并不能完全相信，这种怀疑已经获得证实。许多年来，不少智商高的人毁了自己的一生，也有不少低智商的人在事业上获得成功，他们有的还取得了很大的成就。从你的幸福角度来想想，你的自我心态要比你的智商实在得多，这是你应该知道的。在我看来，这似乎是非常明显的事情。就算你比爱因斯坦还要聪明，跟艾斯泰尔一样漂亮，跟尼劳斯或格雷普莱尔一样高尔夫球打得非常棒，但是如果不相信自己，找理由使你自己降低标准的话，你的人生肯定一团糟。如果你的自我心态太差，你所有的优点都消失不见，你就会想办法折磨你自己。不管做什么，你都感到痛苦不堪。因此，当你开始新一天的事情时，你要找些很有把握的事情来做，使你好好地开始，不要问你自己：“我今天的智商怎么样？”反之，你要扪心自问：“我的自我心态怎样？”你的智商一文不值，因为它并不受控于你的主观意识，你的自我心态才是最重要的。它全依靠你对自己的看法而定，如果你不相信自己，你便不能主动地发挥创造的功能。只要你的自我心态完整，你根本不用管所谓的智商，你只管做自己喜欢的事情。当你在街头散步而阳光普照大地的时候，你的心情也和阳光一样灿烂。

我们生活在一个非常复杂的社会里，我们每天的生活都十分忙碌。一个基本的事实是：任何人的心中，都有着要在这个世界上追求成功的本能。阻挡你的因素缠绕着你，正如《窈窕淑女》中的希金斯教授所说的一样，唯有上帝知道你的亲戚会不会报复你。但是，你的心中，你们任何一个人的心中，都有着一种想获得成功的本能，那就是究竟什么机遇能使你获得成功。你的成功离不开这些本能，若把它用于奋斗中，它将能提升你的事业让你成功。你必须自己分辨出谁是谁非；你必须下定决心要过幸福美满的生活；你必须使你自己相信：你有权享受美好的人生。当然，这件事并不好办，因为，我们所受的教训大都是：苦难一直没有离开你。这是一种信念：当你不小心灌了自己一肚子毒药的时候，你除了用最快的速度把它吐出来外，别无他法。你应该时刻提醒你自己：我能够尝到成功与快乐的味道。并且，你还必须有拼搏的标准。它必须是你自我心态之中的一种成功，不然便是一种失败。

我碰到过这样一件事情，很多年前，我在纽约市政厅进行演说时，也说过这个故事。在富兰克林·罗斯福当政期间，我为他太太的一位朋友做过一次手术。罗斯福夫人盛情邀请我到华盛顿的白宫去做客。我在白宫的黄厅中过了一夜，我很高兴，因为当年林肯总统便在我的隔壁睡过，我感到十分高兴。我的心情长时间陷入澎湃中，那天夜里我一直醒着。我用白宫的文具给很多亲戚朋友写了信，另外，我还给我的竞争对手也写了信。小时候，我曾经在纽约附近小镇的一些脏乱街道上玩耍过。“麦克斯，”我在心里对自己说，“你应该清楚你现在在什么地方。”第二天早晨，我下楼用早餐，罗斯福夫人是那里的女主人，她是一位高雅的夫人，眼睛闪着优雅的光彩。我吃着盘中的炒蛋，然后服务员又端上满满一托盘的鲑鱼。我胃口很好，但对鲑鱼一向厌恶，我不喜欢吃那些鲑鱼，但我没有拒绝它们。罗斯福夫人朝我礼貌地致意：“富兰克林喜欢吃鲑鱼。”她说的是总统，这我清楚。我在短时间内思考一下，心里想：“我竟敢拒吃鲑鱼？总统都觉得很好吃，我不应该拒绝它们。”我把炒蛋拌在鲑鱼上，甚至把这些东西都吃完了。结果，那天午后我的肚子一直都闹腾。我不厌其烦地讲这个故事，就是要说明一件事情——我扭曲了自我心态。

我其实是厌恶鲑鱼的。为了表示敬意，我勉励自己刻意仿效了总统。我背叛了我的自我心态，这件事情让我好长一段时间都挺愧疚的。当然，它的后果不严重，没有多久就消失了。我们在走向成功的时候，经常会碰到这样的陷阱，我们必须明白，没有一种成功是靠违背自我心态取得的。

## 习惯改变你的一生

许多伟人为什么能够百世流芳，一个重要的原因就在于他们十分珍惜自己的生命。他们在一生有限的时间里，为实现他们的人生目标争分夺秒，不断地努力、拼搏、前进。意大利文艺复兴时期，几乎所有的文学创作者同时又都是努力踏实、勤勤恳恳的商人、医生、政治家、法官或者士兵。

著名的物理学家迈克尔·法拉第年轻的时候做过学徒工，在空闲的时候，他不停地做各种实验。有一次，他写信给朋友说："时间是我最宝贵的东西。我从来不敢浪费我有限的时间。浪费时间对我来说，就是在浪费我的生命。"是啊，只要把一些零零碎碎的时间积攒起来加以利用，什么伟大的事情都能完成。滴水成河，铁棒也能磨成针，贵在点滴积累，持之以恒。不浪费一分一秒，有效地利用一切可以利用的时间，什么事情都可以完成。德国伟大的自然科学家亚历山大·洪堡每一天都要处理很多烦琐的事情，整天都忙忙碌碌，只有在夜深人静的时候或许多人睡梦正酣的凌晨，他才能抽出时间来进行科学实验。

只要每天珍惜时间，甚至惜时如金，并有效地用于自我提高，积累自己的知识，坚持下去，你一定能成功。这样长久坚持，那么，一个毫无知识的文盲可以变成一个博学多才的人。光阴似箭，岁月如梭，时光一去不复返。我们应该加倍珍惜时间，我们应该努力学习一些有价值的东西，不断地积累知识。如果每天花一小时学习知识，一个男孩或女孩可以边思考边阅读地完成20页书，那么一年后，他可以看完7000页的巨著或者更多的书籍。每天坚持阅读一小时将使你人生发生极大的变化，这决定了你是白混日子还是过着一种充实的、有意义的、幸福美满的生活。每天一小时能够使一个名不见经传的人成为一个远近闻名的人。

在懂得了时间的巨大价值之后，你会发现，那么多的青年男女在任意地挥霍自己的时间，每天要浪费两个小时，或者更多的时间，这是一种多么触目惊心的浪费——这简直是在慢性自杀！当生命快要结束、日子不多的时候，他们才想到应该珍惜时间。但是懒惰的恶习已经根深蒂固。

每一个年轻人都不能随意浪费宝贵的、正悄悄流逝的时间，应该学会珍惜并有效地利用时间。你可以把业余时间用于改进你的本职工作，让你的工作做得更好；你也可以将其用于开拓新的领域，让自己有更大的发展。不管是什么，你都要做到珍惜时间，时光像流水一样匆匆过去，不要让时间从你手指间流逝，你应该时刻发奋努力，与时间赛跑。

“据我了解，阻碍一个人成功的最重要因素就是没有明确的奋斗目标，从而虚度年华，”伯克有过这样让人深刻反思的评论，“没有明确的人生理想，他就会四顾茫然、思想消极，不会去积极进取，这样的后果是白白浪费自己的大好年华，结果一事无成。”

谚语云：“一寸光阴一寸金，寸金难买寸光阴。”可见时间是多么宝贵。很多人充分利用了别人随手虚掷的时光，在零零碎碎的时间里获得很多好处。那些总是认为自己太忙碌的人，他们真的在一天里抽不出一个小时用于提高自己的素质修养吗?

查尔斯·弗罗斯特的制鞋手艺在佛蒙特州非常有名，他每天都要挤出一小时进行自我提升。他的努力拼搏最终有了骄人的成功，他在数学上卓有建树，并且在其他领域也取得了骄人的成就。

为了挤出更多的时间从事科学实验，病理解剖学奠基者约翰·亨特对自己严格到每天只睡四个小时。大名鼎鼎的科学家欧文先生花费数十年整理了亨特有关解剖学的材料。他的解剖学材料包括2.4万多件标本，这都是亨特长时间辛苦工作换来的宝贵财富。对于一个几乎没有受过什么学校教育、没有什么文化的人来说，这是多么难能可贵啊！约翰·亚当斯非常讨厌那些耽误他工作的人。一位意大利著名学者也在自己的门上写下了这么一句话：“任何在此逗留的人都不要阻碍我的工作。”这句话使那些上门找他闲扯的人望而止步。卡莱尔、丁尼生、布朗宁以及狄更斯都曾经和街头的手风琴师发生过纠纷，因为那些手风琴师使得他们无法全神贯注地工作。

那些历史上闻名的人，大多数都是在他们正常的工作之外，充分利用别人轻易浪费掉的点滴时间，刻苦勤奋，从而获得成功的。英国哲学家宾塞在爱尔兰担任秘书期间，充分利用闲暇时间不断地进行自我提高，成为一代大家。英国银行家与历史学家约翰·卢伯克以其出色的学术研究在学术界赫赫有名。他们的成功都离不开他们争分夺秒的工作。浪漫主义诗人骚塞因为把时间当作生命，不断努力，最后谱写了伟大的史诗巨著。霍桑是一个勤于动手、喜欢笔录的人，他总是随时把自己闪现出来的灵感记录下来，这些珍贵的材料成为他取之不尽、用之不竭的财富。

对工作非常认真、专注的富兰克林，他尽可能地减少自己用餐和睡眠的时间，为的是使自己可以利用更多的时间学习。当还是一个孩子时，他就对父亲每次在餐桌上滔滔不绝的感恩祷告颇为不满，并询问能否简短地说完所有的祷告词，从而节约时间。他的一些传世杰作，诸如《航海的改进》和《冒烟的烟囱》等，都是利用海上航行的时间完成的。

意大利文艺复兴时期伟大的艺术家拉斐尔也是一个视时间如生命的人。拉斐尔短短的一生像璀璨的流星划过天空一样，这位极富才华的艺术家虽然只活了 37 年，却留下了很多不朽的传世杰作。对于那些以“没有时间”为借口而随便浪费时间的人，他们挥霍宝贵的时间就等于是在加速死亡的步伐。

1. 办事准时，从不拖延

遵守时间规定对工作很重要，同时也代表了一个人的明智与信誉。商业巨子阿蒙斯·劳伦斯从事商业生涯的前七年里，对工作非常认真负责，以最快的速度做完手头的工作。守时，还是一种有风度的表现。有些人总是手忙脚乱地完成工作，任何时候都是一副匆匆忙忙、慌里慌张的样子，你觉得他们好像总是忙忙碌碌。那是因为他们没有掌握合适的做事方法，所以很难取得一定的进步。商业界的人士大都了解，商业活动中的关键时刻会决定以后几年的业务发展状况。如果你到银行晚了几个小时，票据极有可能无效，而你借贷的信用度也将受到无法估量的损失。

学校生活的显著优势就是有铃声喊你起床，告诉你什么时间该去晨读或者上课，培养你遵守时间的习惯。每个人都必须有一块表可以随时看时间，事事习惯“差不多”对自己不利，从长远来看更是得不偿失。

“哦，我非常喜欢那个无论做什么事情都准时的人！”布朗先生说，“你很快就会发现，他是一个值得信赖的人，并且短时间内就会让他来办一些十分重要的事情。”具有办事一贯准时、从不拖延的良好名誉，这就等于迈出了成功的第一步。有了第一步，成功便不再是很困难的事情。

做事情从不拖延是取得别人信任的前提，这将给你带来好运气。我们的生活和工作是按部就班、整齐有序的，这样别人才能信任我们能出色地完成手中的事情。遵守时间的人一般都不会失言或违约，他们非常值得信赖。

火车司机没有时间概念就会产生严重的车祸事件；一家在本行业名列前茅、资金雄厚的公司倒闭了，是因为代理机构在得到命令后没有把重要的资金按时转移过来；如果赦免令早到五分钟，那个无辜的人就不会冤死刑场；一个人停下来听了十分钟十分无聊的谈话，他坐车或坐船旅行的计划就会因此而只能延期……

2. 学会控制时间的艺术

①目标原则。要选好目标，用目标来合理分配时间，用

ABC 法选择目标，运用目标管理法管理时间。

②计划原则。时间要安排在计划中，要制订计划，进行检查、调节。

③整体原则。整体运用，全面规划。

④优化原则。对时间管理的总体安排、时间预测、工作顺序、使用价值等方面实行优化。

⑤效率原则。向效率要时间，时间是效率的分母，速度是效率的标准，科学是效率的“专家”，拖延扯皮是效率低下的“元凶”。

⑥集中原则。抓住重点、排除干扰、全神贯注、集中使用、分散与集中结合，才能坚持集中的原则。

⑦容量原则。要学会挤时间，要在百忙中挤，用网络法挤，用压缩法挤，要不间断地挤。

⑧动态原则。要把握住今天的动态，反思过去，展望未来。

⑨最佳原则。要抓住最佳年龄，充分利用最佳时间，把握最佳时机，保持最佳精神。

⑩辩证原则。掌握进与退、快与慢、动与静、成与败的辩证法。

⑪有序原则。工作秩序条理化，工作目标明确化，工作方法科学化，工作流程有序化，工作内容简明化。

⑫弹性原则。保持生活整体平衡，文武之道，一张一弛。

3. 学会节约时间

人们拥有的时间是有限的，我们不能使时间增多，但却能节省时间。下面是会浪费时间的十个方面：

①乱买东西。 东西买多了，不但浪费人力，付出的也不仅仅是金钱，还要赔上时间。

②随意许愿。 知道办不成的事却随意许愿、徒劳奔波，肯定会浪费时间，不如不许愿。

③解决难题。 集中精力和时间去解决可以解决的难题，但有些难题是一时半会儿解决不了的，干脆丢下为安。

④不会打断。当别人跟你絮絮叨叨地说话说很长时间时，你得善于做到既能打断对方而又不致失礼。

⑤贪看电视。 事先查阅电视预告，仔细地选择你所想看的节目，不要没有目的地随便乱看无聊的电视节目。

⑥缺乏计划。 攻一个学位、完成一个项目需要多长时间？每周又能参加几次约会？

⑦杂乱无章。 花上半个小时找一件工具比如订书机，是让人最烦恼的事。

⑧轻视维修。维修保养耗费很多钱和时间，轻视维修则要花更多的时间和更多的钱。

⑨空手等待。当你在等待的时候，千万要记得做些事情，不要浪费光阴。

⑩幻想未来。忘记努力，今天将过去，明天也是空想。

4. 夺取时间的方法

①把该做的事，按照重要次序的先后，事先加以排列，把握主动权。

②每天开始工作的时间，应比规定的上班时间早 15 ~ 30 分钟。

## 节省时间的方法

▲ 定期整理房间并丢弃无用之物 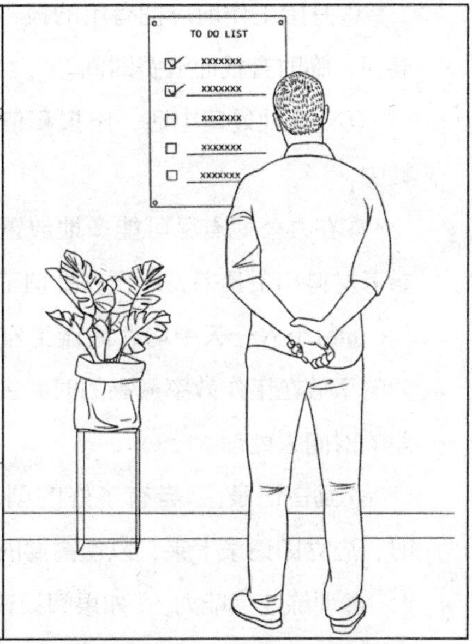　　▲ 列出计划并严格按计划推进

▲ 学会拒绝他人占用你时间的行为　　▲ 善于利用碎片时间

③开始工作前应把有用的报告、资料在桌上摆好，以免丢三落四，临时查找而浪费时间。

④合理地处理电话、电报和信件的干扰，记住不能过于沉浸其中。

⑤在办公地点尽可能多地放置一些工作需要的手册、书籍、参考材料和工具书，以便在处理工作时随手可得。

⑥每个人一天中均有最佳工作时间，应把最困难的或者最重要的事放在工作效率最高的时间去做，而例行公事则放在精力较差的时间去处理。

⑦勤奋记录。 当有了好的创意、构想、观点、依据等灵感时，应立即记录下来，以便需要时随时拿起来使用。

⑧训练速读能力。 如果阅读速度提高二到三倍，那么办事效率也会提高更多。 因为知识越多，越能闻一知十，举一反三。

⑨随时不忘工作。 充分利用等待的空闲时间来工作。

⑩开会的时间最好选择在午餐时或下班前。 你会发现，这样处理事情往往更有效率。

⑪当遇到一位健谈的来访者，最好双方都站着。 这样可有效地防止来访者转弯抹角，促使他很快地道明来意。

⑫把相关的事归纳在一起，这样处理一件，其他的事即可一块解决。

⑬精力疲乏时，饮口茶，或到窗前伸个懒腰，即可精力充沛。

⑭晚上沉思。 每晚花费一小会儿时间回忆一下当天的工作，总结一下成功与失败的经验教训，久而久之，会受益匪浅。

## 永远不要抱怨工作

世界上大多数人都从事着跟自己的天赋不太匹配的职业，这就好像所有人被彻底地打乱秩序胡乱编排在一起，彼此交换了自己本来应有的位置一样。售货员想当老师，而天生适合当老师的却去做生意了；天性适合做农民的人去做了法官，而适合当法官的人却在管理着每况愈下的农场。于是，每个人都强烈地认为自己怀才不遇从而异常苦闷。

应该埋头苦读希腊语和拉丁语的孩子在环境恶劣的厂里拼命干活，而成千上万本来能够管理好农场或船员工作的孩子则在大学不适合自己的专业，无所事事地浪费时间。本来只会粉刷篱笆的人去做了在画布上涂抹色彩的画家。站在柜台后的店员根本对所卖的产品不感兴趣，所以在那里马马虎虎地接待顾客，同时梦想着能成为伟大的作家……

很多人非常困惑：为什么很多人不去做真正适合他们的工作呢？

富兰克林说："不知道自己适合干什么工作的人最终会一事

无成，而只有从事天赋擅长的工作，他才能功成名就。站着的农夫要比跪着的贵族更有尊严。”一个人做什么样的工作能强烈地影响到他的生活。一个人从事他喜欢的职业使他身体强壮、思维敏锐，纠正他的缺点和错误使他更富有创造力。职业使他得以展开自己的抱负，使他开始积极努力，不断奋斗，让他觉得自己是个真正有价值的人，这就很有必要使自己处在真正适合自己的位置上，完成自己真正必须完成的工作，承担自己真正必须承担的责任，并表现出自己真正的勇气与魄力。如果从事的不是自己喜欢的职业，他就觉得自己不是一个完整的人。无所事事的人称不上是完整意义的人，他无法通过工作来展现自己与他人的不同。150 磅的肌肉和骨骼并不是一个真正的人，一个大脑也不足以成为一个真正的人。骨骼、肌肉和大脑必须组合起来，知道什么是适合自己的，进行健全完整的思考，另辟一条成功的蹊径，勇于承担责任，做到这些，才能真正造就自己，使自己功成名就。

1. 精通工作的所有细节

如果你天生只适合做一些微不足道的小事，那么，一定要在这些毫不起眼的事情上做得比别人更好。要竭尽全力、满怀热情、事半功倍地去做，用自己与众不同的工作方法使一件毫不起眼的事情成为一门艺术。要全神贯注、兢兢业业地把一项毫不起眼的工作做成一项有意义的事业。不管它是多么的渺小，都要像研究一项神圣的事业一样对它进行细致的研究，还要用尽全力学会这一工作中包含的所有知识和细节。全神贯注是必不可少的，因为非凡的成就只属于那些专心致志的人，属于那些一旦确定目标就坚持不懈的人。

你想取得成功就必须从小事做起，只要与自己的事业有关，任何事情都要仔细认真，要对所有的细节知道得清清楚楚。这些经验是斯图尔特和约翰·阿斯特成功的秘诀：在自己从事的职业中，他们精通全部的细节。婚姻是爱情的延续，并且只有爱情，才能使婚姻生活的各种问题不解自明。同样，只有对职业本身充满兴趣和热爱之心，才能使大多数人经受得住职业生涯中的挫折与磨难，最终成功，而不管他从事的是商业还是任何其他职业。

“以前我总是觉得自己是带着某种使命来到这个世界上的，到现在我仍坚信，我一定要完成这项使命。”惠蒂埃说这番话的时候吐露了自己的心声，他对自己充满了希望。当今社会，在那些竞争非常激烈的行业，比如法律、生物学、医学、计算机或其他一些行业里，只有那些真正与众不同的、出类拔萃的人才会成功。而天性的召唤、对职业的热爱都是事业成功必不可少的条件。

假如一个人选择自己的职业仅仅是因为他的父辈曾经在这一领域成绩卓越，或者他的母亲希望他这样做，而自己对这一职业并不感兴趣，他还不如去扫大街，在自己选择的平凡职业中，他或许能成为一名出类拔萃的人，而在其他不适合他的“好行业”里，他将可能终生碌碌无为。

2. 集中精力

“如果这样读书，你将受益良多，”西德尼·史密斯说，“那就是读得津津有味的时候，觉得吃饭时间提前了两个小时。比如，拿一本李维的历史书细细地品读，马上能感觉到作者李维仿佛正站在你的身边向你倾诉那些英雄往事。你读书时仿佛自己真的穿越时代了，这时候假如有人敲门，你要费几秒钟的时间才能清醒过来——自己一直就坐在书房里，而不是在伦巴第的平原上兴高采烈地观察汉尼拔历尽沧桑的面容，或是看他一只眼睛放射出明亮的光彩。”

只有专心致志地学习时才能取得好成绩，这是唯一有效并经得住检验的方法，查尔斯·狄更斯说：“我要明明白白地告诉你，我对小说进行的构思或想象，都离不开我所养成的工作习惯，即对十分平凡甚至微不足道的事情进行专心致志的思考，每天做到这样，写成稿子后再不厌其烦地数次改写，精心地推敲。”又有一次，人们问狄更斯他到底是如何成功的，他说：“对于那些应该竭尽全力去做的事情，我从不会三心二意地对待。”

约瑟夫·格鲁尼在给他儿子的信中写道：“不管你在做什么，不管是学习、工作还是嬉戏玩耍，对每件事情都要全力以赴。”年轻人一定要铭记：做事情不要三心二意，一定要一心一意。“我朝着自己确定的目标努力，不能三心二意，好像这个世界上没有什么更好的东西一样。”英国作家查尔斯·金斯利说，“事实上，这也是勤奋工作者的成功经验。当然，大多数人都没有把这种精神带到娱乐活动中去。”

生活中许多人最终一事无成的原因就是他们总是见异思迁，做事情不专注，什么事情都想尝试一下，这样难免会分散精力，这就阻碍了他们的进步，使得他们做不好任何事情。他们没有采取一种更明智的做法——全神贯注地去做一件事情，不达目的誓不罢休，最终成为该领域出类拔萃的泰斗。相反，他们选择了在很多领域成为二流的庸手，他们异想天开，什么行业都有所涉猎，却又都是浮光掠影、浅尝辄止，只弄懂了一点点。

英国社会活动家、作家爱德华·利顿说：“很多人看到我每天都在不停地处理烦琐的事情，什么事都亲自动手竟然还能有时间来研究学问，他们都对我无比好奇：‘你怎么会有那么多时间来完成这样多的著述呢？你是不是有什么神奇的魔力可以做完这么多的工作呢？’可能我的回答会令你大吃一惊，答案就是我能有如此大的成就，是因为我从来不同时做几件事情。一个能把自己照顾得很好的人肯定不会让自己过于劳累。换句话说，如果他在今天拼命工作的话，那么随之而来的肯定是异常的疲倦，这样的话，他明天就不得不稍微放松自己，这样的工作效率是很差的。我认为，我真正聚精会神的学习是在工作之余的时间里进行的。到现在，我觉得我在生活阅历和各种知识的积累方面，比我们这个时代的其他人都要好得多。我游历了很多地方，见多识广；在政界和各种各样的社会事务中，我也得到了很多知识；除此之外，我在各地出版了很多著作，其中涉及的许多课题是需要深入研究的。我每天只有三小时研究阅读和写作，我不妨告诉你，事实上还不到三小时，但是，在这三小时之内，我却是一心一意地投入到我的工作中，心无旁骛，全神贯注。”

## 人人都能成功

有些人总是能当机立断，毫不迟疑、全神贯注地投入到行动中去，赢取胜利。“能不能直接从这条路穿越过去？”拿破仑问他的工程师们，这些工程师是拿破仑请来探测前方路途的，他们对阿尔卑斯山圣伯纳山口的地形有一定的了解。“应该可以吧，”他们不敢肯定地说，“但我们不敢保证一定能行。”“那就前进吧。”身材短小的拿破仑坚定地说道，他知道前面的道路肯定很难走，尤其是圣伯纳山口。

英国和奥地利的军队在听说拿破仑想要跨过阿尔卑斯山的消息时，忍不住高兴地大跳起来，因为他们非常了解那里的地形：那可是一个从来没有车子走过，也不可能有车轮能够从那儿碾过的地方。困难还要比这更为巨大，拿破仑还率领着七万军队，拉着笨重的大炮，带着成吨的炮弹和装备，以及不计其数的战备物资。

但是，马塞纳将军被困在热那亚。正处于生死存亡的关键时刻时，一直认为成功已在手的奥地利人看到拿破仑的军队从天而降，他们都惊骇地忘记了战斗。拿破仑没有像其他人一样被高山吓住，他没有从阿尔卑斯山上落荒而逃，拿破仑在任何事情面前都不承认失败，他始终相信自己一定能够胜利。

很多被认为“不可能”的事情一旦被别人做成的时候，总会有人说，这件事早就应该做成了。还会有人找理由说，他们遇到的巨大困难没有人能够解决，从而把在困难面前的退缩说成是顺理成章的事情，把责任从自己身上推开，不用面对必须解决的困难。世上有很多指挥官，他们同样有精良的装备，充足的战备物资，有善于穿越崎岖山路的士兵，但他们却没有足够的坚强和勇敢。拿破仑在困难面前没有退缩，虽然他知道这些困难很难克服。他需要前进，所以，他果断而又明智地为自己创造了胜利的机会。

美国南北战争时期的英雄格兰特将军在新奥尔良战场上身受重创，然而在这危急时刻他接到去指挥查塔努加战斗的命令。彼时，联邦军被联盟军包围了，形势越来越严峻，随时都面临着全军覆没的危险。一到晚上，四周群山上到处是敌军燃起的篝火，联盟军声势非常浩大，使联邦军颇有些四面楚歌的感觉。而更为严重的是，联邦军快要弹尽粮绝了，但是格兰特没有被眼前的困难吓住，他毅然挥师前往新的作战场地。

格兰特翻山越岭、跋山涉水，历经种种艰辛，最后在四名士兵的帮助下，安全抵达了查塔努加。这可是一个在所有人心目中都十分伟大的指挥官啊！他的到来使联邦军军心大振，他努力指挥战斗，终于掌握了胜利的局面，事实上也只有他能够扭转战局。整个军队都被他的坚忍和毅力所鼓舞，士兵们都斗志昂扬。敌人仍然在逐步紧逼，但是在格兰特还没有来得及指挥军队与敌人进行最后的决战时，援军及时赶到，把敌方军队打得全军覆没，夺回了失去的阵地。要是没有格兰特将军坐镇军中，要是格兰特将军没有坚定的意志和勇敢、果断的指挥，战局可能又是另外一种结局。

难道意志力、勇气与决心真的会扭转乾坤吗？否则为什么贺雷修斯单枪匹马深入敌军阵地而令数万托斯卡军队万分惊惧，不敢撄其锋芒，眼睁睁地看着台伯河上的桥轰然倒塌？为什么莱奥尼达斯能够以少胜多，在温泉关一人阻挡波斯百万大军？为什么德米斯托克利能够在希腊的海边大败波斯的战舰，导致整个波斯军队受到重创？为什么恺撒发现战局对自己不利时，挺起长矛，紧握盾牌，身先士卒，使得他的军队又迅速集结，最后终于化险为夷呢？为什么温克尔里德与敌军血战身受重伤时，他依旧不顾伤痛，掩护战友，让他们步步进攻，消灭敌人？为什么拿破仑在长年累月的战斗生涯中，取得许多胜利，使欧洲大陆的所有人对他都闻风丧胆呢？为什么内伊在无数次战争中总能化险为夷，将险败战局扭转为大获全胜？为什么威灵顿公爵久战沙场却从未打过败仗？为什么佩里能够离开劳伦斯河，不顾生死地往尼亚加拉大瀑布，而令英国侵略者闻风丧胆，只能落荒而逃呢？为什么在联邦军不断溃败时，谢里丹将军及时赶到温彻斯特，身先士卒，勇猛杀敌，从而力挽狂澜？为什么谢尔曼将军挥刀策马直奔敌将，并且从容地向他的士兵们招手，然后手起刀落，奋勇杀敌，他的士兵们立刻军心大振，乘胜追敌，杀人敌阵，将敌军打得大败而逃呢？

这样的例子多得数不胜数，它告诉我们有无数英雄伟人们在对手瞻前顾后、面对机会犹犹豫豫时，他们果敢地抓住了机会，战胜对手，从而取得成功。这些人总是能当机立断，意志坚定，一心扑到行动中去，赢取胜利。

不错，你会认为拿破仑无人能及。但是，另一方面，你不得不承认的是，当今任何一个年轻人所面对的困难与艰苦，绝没有拿破仑所跨越的阿尔卑斯山那样既高又险。

1. 出身贫困的总统

“我家非常贫穷，可以用一贫如洗来形容，”美国第18任副总统亨利·威尔逊这样说道，“当我还是小婴儿时，贫穷已经把我的父母折磨得头发都白了。我一辈子都不会忘记，当我向母亲要一片面包而她手中什么也没有时是什么感觉。我从10岁到21岁都在替别人打工，每年可以接受一个月的学校教育，最后，我整整熬了11年，得到了1头牛和6只绵羊作为报酬。我把它们换成了84美元。我21岁了，长这么大，我从来没有平白无故地浪费过1美分，每用1美分都是经过精心计算的。当我只能依仗双脚在陡峭的盘山路上累得全身虚脱时，我不得不请求我的同伴们丢下我先走……不久，我带着一队人马进入了从来没有人进去过的大森林里，去采伐那里的大圆木。每天，天还没有亮，我就会第一个起来，然后就一直辛勤地工作到伸手不见五指才结束。在一个月不分昼夜的辛苦工作后，我获得了6美元作为报酬，当时它对我而言可是一笔不小的数目啊！那天晚上，我激动地竟然没有睡着。”

生存条件虽然对于威尔逊如此不利，但是他没有屈服，他不让任何一个发展自我、提升自我的机会流逝。他视时间为生命，他像抓住黄金一样紧紧地抓住了空闲的时间，从不浪费。

在 21 岁之前，他通过各种途径读了上千本好书。试想，对于一个农场里的孩子，这是多么不容易啊！在离开农场之后，他步行到远在 100 英里之外的内蒂克去学习皮匠手艺。他不怕艰苦地步行经过了波士顿，在那里他可以看到邦克・希尔纪念碑和其他历史名胜。数百英里的路程他只花费了区区 1 美元 6 美分。一年之后，他成为内蒂克众多辩论俱乐部的名人。然后，他在马萨诸塞州的议会发表了那篇有名的反对奴隶制度的宣言，这使他在马萨诸塞州有很高的声望。12 年之后，他与众人皆知的人物查尔斯・萨姆纳平起平坐，进入了美国政坛。

对于威尔逊来说，任何一个机会都代表着人生目标可能实现的巨大转折。他没有错过也没有放过任何机会，最终他得到了丰厚的回报。

2. 没有背景的年轻人

我既不会含混不清地乱说话，也不会为自己寻找借口；我将坚守阵地，不退却半步；我相信，这个世界将向我敞开双手。

几百年前，两个没有任何教育背景、属于无名小卒的年轻人在波士顿一个小旅馆里初次见面，他们决心要对这个社会一种从来没有人敢于挑战的制度——黑奴制度发起挑战。但是，对两个初出茅庐的年轻人来说，他们的想法对别人而言实在是痴人说梦。在俗世的眼中，他们的行为显得十分荒谬。要明白，他们所面对的是多么强大的敌人——黑奴制度根深蒂固，具有非常深远的影响，而且还与所有其他的社会机制和既得利益有着无法言说的亲密关系，不论是学者、政客、教会人士还是资本家，也不论平素他们之间如何明争暗斗，都坚决地拥护黑奴制度。

在这么恶劣的环境下这两个年轻人要向黑奴制度挑战可谓难如登天。尽管前进的路途中充满了艰难险恶，尽管他们的目标很难实现，可是，在他们的灵魂中却熊熊燃烧着神圣崇高的信仰之火，他们早已将自己的生死置之度外，除了前进，他们没有退路。这两个年轻人中的一个是本杰明·伦迪，他很早就在俄亥俄州创办了一份代表先进思想的报纸。他每个月都要艰苦行走20英里，往返于印刷厂几次，一个人把重重的报纸背回家。为了扩大报纸宣传力度及影响面，他不辞辛苦地只身穿越400英里到田纳西州为报纸做宣传，本杰明·伦迪的意志是多么地坚定啊。

得到了有相同志向的好友威廉姆·加里森的帮助，本杰明·伦迪的信心更足了。当时，这个城市的大街小巷到处都是被主人迫害的奴隶；那些被装在运奴船上的黑人凄惨地离开家乡和亲人，被人廉价买去；奴隶拍卖市场上的情景更是令人惨不忍睹；对反抗的奴隶，奴隶主们会施加酷刑，手段之残忍令人发指。这令加里森非常气愤，更加坚定了他向黑奴制度挑战的决心。因为家庭贫困，加里森没有钱去学校读书，但是，早在他还是孩子的时候，母亲就谆谆教导他要是非分明，憎恨黑暗。这个年轻人决心要为那些受苦受难的黑人们争取自由。

在他们的第一期报纸中，加里森强烈地抨击了万恶的黑奴制度，要求废除黑奴制度，结果引起了轩然大波，辱骂和污蔑像潮水一样涌向他。后来，他被关进了监狱里。他在北方的一位志同道合的朋友约翰·惠蒂埃被他的行为深深地打动了，可是，由于加里森没有钱为自己交纳罚款，最后惠蒂埃转而写信给亨利·克莱，请求后者为加里森交罚金把加里森从监狱里救出来。在

49 天的牢狱生活后，加里森重新获得自由。

温德尔·菲利普斯非常佩服正义凛然的加里森：“他在 24 岁时因为拯救悲惨的黑奴而被监禁，他在正值青春年华时就对黑奴制度提出了挑战。”

在波士顿，加里森举目无亲，但是他依然在继续反抗黑奴制度。在身无分文的情况下，他在一间非常窄小的阁楼上开始了《解放者》的创办。看看勇敢的加里森在第一期报纸上的无畏宣言吧：“我将像真理一样严厉无情，像正义一样凛然傲立。我的情感来自内心。我既不会含混不清地乱说话，也不会为自己寻找借口；我将坚守阵地，不退却半步；我相信，这个世界将向我敞开双手。”

加里森是一个真正值得我们大家尊敬并怀念的英雄，他孤军作战，凭着自己坚强的意志以及不懈的努力与那个时代最根深蒂固的黑奴制度作战。

有一位名人给波士顿市长奥蒂斯写了一封信，信中说有人给他送来了一份《解放者》，要求追查这份报纸的创办人。奥蒂斯回信说：“创办这份报纸的年轻人非常贫穷。他在一个光线不好的洞里创办了这份没有名气的报纸，跟他一起的是一个黑人男孩，支持他的是一些有着各种各样肤色的人，他们全都默默无闻，难成任何气候。”

事情并没有那么简单，正是这个吃饭、睡觉和印刷都在那个“光线不好的洞里”的年轻人，通过他的不懈努力，使“解放黑奴”的思潮影响了好几代人。

对于加里森的出现，美国当局非常担忧，南卡罗莱纳州的警察机构悬赏重金捉拿加里森，要求对所有被发现传播《解放者》

的人重重惩罚。有一个或两个州的行政长官也悬赏捉拿加里森，乔治亚州的立法机构贴出告示为捉拿加里森的人提供高达5000美元的赏金。加里森和他的助手到处受到人们的攻击和辱骂，他们陷入了困难之地。

一个名叫洛弗乔尔的牧师是加里森的拥护者，在保护加里森的印刷机时，他被一伙暴徒残忍地杀害了。而在被称为“美国自由传统的摇篮”的马萨诸塞州，几乎全部的商业人士、权威人物和文化名流都为自己的利益而统一了战线，愤怒地要求严惩这位“废奴主义者”。在人山人海的集会上，只有一个人，一个名叫温德尔·菲利普斯的正义公正的年轻律师，他大义凛然，不惧死亡地走上台为加里森辩驳，他发表了热情洋溢的演说：

“当我听说绅士们认定杀害牧师洛弗乔尔的凶手是加里森时，当加里森的名字成为废奴主义者的代名词时，”温德尔·菲利普斯边说边用手指着奥蒂斯以及其他社会名流，“我想尊敬的奥蒂斯先生以及其他德高望重的先生们一定会非常生气，指责那些居心叵测的美国人，谴责那些对死者进行无端诬蔑的卑鄙小人。在我们所生活的这片神圣的领土上，到处都洒满了正义者的鲜血。根据那个逝去的灵魂的生平，在我们所生活的这块广袤原野上，每一片青翠的树叶，每一片海滩，每一块耕地，每一只鸣叫的昆虫，甚至就连树木中流淌的树液，都不会忘记他。”

他的演说赢得了长久而热烈的掌声。

在北方的先驱者和南方的奴隶主之间，一直存在着长时间的激烈冲突，即便是在遥远的加利福尼亚州，两种势力的冲突也非常激烈。随着内战的爆发，这种冲突也达到了白热化的程度。内战以北方军队的胜利而结束，35年间一直不屈不挠、英勇奋战的加里森成了国家英雄。他看到了星条旗重新在萨姆特要塞上迎风飞舞。一位被解放了的奴隶向他致以最崇高的欢迎词，奴隶的两个女儿，这两个如今已经成为自由身的姑娘，把一个美丽的花冠戴在了加里森的头上，她们以及所有被解放的黑奴永远感激他。他的功绩将永载史册，他点燃的火炬照亮了所有人的心灵，并且这种心灵之光也会永远传承下去。

# 第五篇

# 投资自我

（美）奥里森·马登

## 自我教育，阅读

“沉溺于图书馆中。”这是奥利弗·温德尔·霍姆斯回忆儿童时代自己经常做的事。从图书馆中挑选出那些对生活最有帮助的书本，这种能力价值巨大。这就如同一个人挑选工具去获取知识和提供社会服务一样。

耶鲁大学前校长哈德利曾经说过：“在现实生活中的各个阶层的人，商人、运输司机、或者制造工人，曾对我说他们真正想从学校得到的是：能够拥有挑选书本的能力，从而有效地使用书本。而获得这种能力首先最好的方法是在任何房间里都放置一些优秀的书本。”

图书馆是生活的必需品，而非奢侈品。一个没有书本、杂志报纸的家庭就如同没有窗户的房子。孩子们徜徉于书海之中，他们在触摸书本时不自觉地就汲取了知识。现在所有家庭都可以给孩子们创造一个良好的读书环境。

据说，亨利克雷的母亲也曾在浴池辛苦地挣钱，以供他买书。

倘若可以给孩子购买字典、百科全书、历史类和工作实务类书籍，以及其他各种有价值的书籍，那么他们会不知不觉地接受教育。这样做不仅代价不高，而且还可以让他们学到与自身年龄相符的很多知识，否则这段时间就会被他们浪费掉。如果让孩子在学校、研究所或者学院学习的话，可能需要花费的金钱差不多是这些书本价格的10倍。

此外，如果家中收藏有好的书籍，那么整个房间都会因此熠熠生辉，并且吸引着孩子们的目光，他们愿意待在这个令人非常愉快的地方，而那些没接受过严格教育的孩子却急着跑出去，随波逐流，走进多种多样的陷阱和危险之中。

让孩子身处书海之中是很好的，应该引导他们经常地使用书本、触摸书本，让他们熟悉书籍的封面和标题。一个聪明的孩子能够从好的书本里面学习很多有用的知识，这是非常神奇的事情。

很多人从来不在书本上标记重要东西，从来不在页码上折出痕迹或者划出选好的一个段落。他们的藏书室永远和刚建成的那天一样干净，而他们的头脑，也永远像藏书室一样干净空白。所以，请大胆地在书上做标记，要知道亲自记笔记价值最大。一个从小就喜爱读书的人，在成长过程中读书的效率也会不断提高。

勤俭节约是一种美德，平日里穿旧的衣服和有补丁的鞋子没必要觉得耻辱，但是，如果有些书必须购买，最好不要节省。如果不能送自己的孩子去学校，你不妨让他们接触到一些好的书本，这会让他们从所处的环境中脱颖而出，因为读书能使他们的责任心和荣誉感大大增加。

1. 培养阅读品位，拒绝有害图书

有些书应该精读，因为这些书为我们的自学奠定了基础。

当阅读的范围受到限制时，最好去看那些前人已经翻阅旧了的书籍，它们将对你大有裨益，因为它们已被一代又一代读者挑选过。如果你只能选几本书，请选择那些世界闻名的经典著作。找到这些书并不难，因为即使在一个很小的公共图书馆里都会有。

我们必须遵循一条极其重要的规则：不要去读你不喜欢的书。他人所喜爱的书，不一定就适合你。图书目录只是为你提供一些建议，如果你过度关注图书目录，你将会被它所约束。应该多选择自己真正感兴趣的书。

你是否想过，自己去寻觅的东西同时也在四处找你，这就是相互吸引的特殊法则。

如果一个人品位比较低俗，总是追随错误的潮流，那么他没有任何必要去四处寻找这些粗俗堕落的书，因为按照上述相互吸引的特殊法则，那些书将会自然出现在他眼前。

一个人的读书品位与他对食物的好恶非常相似。我们不应当去阅读那些无趣乏味的书籍，远离它们，就像不吃让人恶心的东西一样。而有些人却喜欢阅读这种书，也很喜欢这类食物。也许在某个国家里，人们都喜欢吃卷心菜或臭鱼，可是我却无法忍受它们的怪味。每个读者最终都能做出自己的选择，找到钟爱的书，而这些书同样会主动出现在他身边。任何一个认真的读者都宁愿去看少数几本自己喜爱的书，而不是随波逐流，看一堆不适合自己的书。某个人所认为的最好的书，别人也许并不认同；或者，在别人眼中只有一部分是好书。

印度有一位博学之人，某一天他在家中读书。当翻开某页书本时，忽然觉得手指一阵刺痛，一条小蛇掉到地上，在他看不见的地方慢慢爬行。这位博学者的手指开始肿胀，接着胳膊也开始胀大，一小时后，他因中毒死亡。

没有人意识到，家庭的藏书中也隐藏着“毒蛇”。它们会毒害孩子的思想，改变他们的个性，使他们丧失纯真的天性。

今日那些身陷囹圄的罪犯们，如果在年少时能够读一些好书，那么，恐怕绝大部分人会走上另一条极其不同的人生之路。我们应该多读那些能够振奋精神、有益心智的好书，远离那些“毒书”。

有这样一个故事，克拉克博士在一座大城市里看到到处张贴着醒目的告示：“每个男孩都应当读一读关于西部平原上的暴徒兄弟的传奇经历——他们进行抢劫和谋杀并获得成功，这些奇特的、非常惊悚的冒险经历是前人无法比拟的，定价 5 美分。”第二天早晨，克拉克在报纸上读到：“7 名男孩因入室行窃而被捕，四间商铺被洗劫。其中的一个头目只有 10 岁大。”追踪报道发现，在前一天这些孩子都花了 5 美分去买那本诱使他们犯罪的书。《落基山脉的恐怖杀手——红眼迪克》以及同类型的一些书曾毁掉了许多青年的美好一生。一本诱人堕落的书或者会毁掉你的理想，或者会将你推向堕落的深渊。

在你还没有看过这本“毒书”之前，书里的一切内容似乎都是甜蜜、美好而有益的。但是，在读过之后，它会毒害你的人生。它会引诱你想去尝试那些被禁止的愉悦，直到对一切美好、纯洁和健康的事物失去兴趣。这些疯狂的作品只会腐蚀你的精神，让你在人生的各个禁区铤而走险，不顾一切公正和道义。

一个小伙子曾得到一本满是低俗的文字和插图的书，到手不久他便递给自己同伴传阅。后来，此人在教堂里担任一个很高的职务。许多年以后他对朋友说：如果能回到过去，他宁愿用自己的一半所得来消除那本书的毒害。

这些轻浮庸俗的故事书不但不能从道德上教育人，还深深地毒害了我认识的一个开朗的年轻女孩的思想。这如同那些大脑麻木的吸毒者，她的大脑由于接连的精神摧残而变得彻底腐化。这时她满眼都是污秽，对生活中那些健康的一面视而不见。她对生活的理想和抱负已经被彻底改变。阅读那些堕落的、不健康的文学作品是她唯一的乐趣，她于是沦陷于兴奋的幻想之中。

如果我们变得轻佻和肤浅，那么我们原本健康的思想将迅速受到毒害。如果书本不能反映真实的生活，对家庭丝毫没有帮助，没有任何纯粹或健康的哲学的话，那么即便它们还算不上真正的邪恶，也能激发你的欲望，你病态的好奇心会日益增强，这样它们就会在很短的时间内毁掉你最美好的思想。它们会想尽办法毁灭你的理想，让你在阅读好书时的美好感受全然丧失。

在阅读时，我们往往会不自觉地吸入致命的“毒药”，或者也能获得指引我们积极向上的鼓励和灵感。“毒书”里面暗含的“毒药”非常危险，因为它特别善于伪装，从表面上看，邪恶的事物很多都有美好的外表。虽然书中看上去似乎没有什么低俗的言辞，但是它们却隐藏着邪恶的思想。这些作者在写作时，他的头脑里隐含着敏感的动机，全书都渗透着他的思想，影响着与此相关的一切。

你应该阅读那些可以引导自己积极进取的书，它们能够推动你成为更优秀的人才，为世界贡献出自己的力量。要多阅读那些能够让我们反思自我的书，以及那些激发你自信的书。要特别小心那些让信心动摇的书。当你阅读这些具有建设性意义的书本时，它们就是建设者，不过你不要拆散他们的思想。要小心这样一些作家：他们会逐渐侵蚀你对男性的信任和对女性的尊重，动摇你对家庭的神圣信念，嘲笑你的宗教信仰，并渐渐让你漠视道德和责任。

常常翻看那些评价最高的书本，可以更好地展现我们的品位和雄心。倘能仔细观察和分析某人的阅读习惯，即便不认识的人也能够写出一本关于此人的好传记。

我们应该多读书。但是要避免读一些无用或乏味的书。生命是很短暂的，时间更为宝贵，所以要充分利用时间阅读最好的著作。

那些让你读后不思进取的书，没有任何益处。

2. 在家庭中营造良好的读书氛围

家庭是个人获得启蒙教育的地方，在这里，我们养成习惯，规划自己的职业生涯，这对我们终身都有影响。在家庭环境下进行的有规律的、持续不断的智力培训，可以影响到一个孩子的一生。

我听说过一些令人遗憾的事，不少雄心勃勃的青年男女都曾渴望能提高自己的素质，然而，由于受不好的家庭环境的影响，他们无法做到。在家里时，其他人都把晚上的时间用来说话逗乐，不曾努力进行自我完善，不去树立更高的理想。家人偶尔翻翻书本，除了惊险小说别无其他，没有谁去阅读那些有益的书。他们作为家庭中唯一有抱负的成员，可是总是受到家人嘲笑，所以最终只有气馁地放弃抗争。

如果在家庭环境下养成自学的好习惯，那将是非常令人欣喜的事情。年轻人十分愿意学习，如同期待游戏一样。

我认识一个新英格兰家庭，孩子们全和父母亲住在一起。一家人每个晚上都坚持用部分时间进行学习或其他一些形式的自学。吃完晚饭，他们每个人都能自由地消遣娱乐。他们拥有固定的游戏和休闲时间，但这仅有一个小时。当学习时间到来时，整个房间会立刻安静下来，甚至一根针掉下的声音都可以听到。每个人都在自己的房间阅读、写字、学习，或者进行各种各样的脑力工作，所有人不可以讲话抑或打扰其他人。如果家庭中有人由于烦躁或别的原因而不愿学习，那么他必须保持安静，不能干扰到其他人。一家人拥有完全一致的目的——建立一个理想的、适合学习的环境。所有杂事都可能使注意力分散，甚至可能导致思想开小差，任何打扰都会破坏思维的连贯性，所以应该尽力避免这种事情的发生。在安静的环境下，聚精会神地学习一个小时，比起被多次打扰或者思想不集中地学习两三个小时来，前者的收获远多于后者。

但是不少家庭都有可能不珍惜这些宝贵的时间，而虚度每个夜晚。当轻松、愉快与和谐的气氛遍及一个自我学习的家庭的各个角落时，所有家庭成员都会渐渐地变得积极向上，并激励自己去追求更美好的事物。

有时候，家中某个意志坚定的年轻人会彻底改变整个家庭的习惯。他对自己发誓要坚定立场并不甘失败。像这样的有志青年，他们总是设法抓住任何改变命运的机会。而且他的奋斗和努力恰恰反衬了许多同龄人总是浪费宝贵的机会，也缺乏足够的勇气和毅力去做那些有意义的事情的状况。

那些总是重视品德、做事极为认真的人，能够引起所有人的注意，也因此拥有更多的晋升机会。

即使在最忙的时候，我们也浪费掉了生活中大量的时间。但如果作出合理分配，这些被浪费的时间具有很高的利用价值。

很多家庭妇女整天忙忙碌碌，她们想当然地觉得自己没有时间去阅读书籍、杂志或者报纸，但是有种观点则很惊奇地表明：只要可以很好地做完本职工作，她们便可以有很多空余时间。要极大地节约时间，就将事情按轻重缓急排出顺序。我们当然能够去安排自己的生活计划，让自己能有一定的时间来进行自学，使生活质量提高。

优秀的商人在清晨进入办公室，聚精会神地处理最重要的事。他很清楚：如果所有的事都要关注，所有的细节和烦琐的小事就会迎面而来，会见每个想要见他的人，回答人们想知道的每个问题，那么，没来得及去谈一笔大生意，就已经到了离开办公室的时间了。

## 巨额投资，养成完善自我的习惯

一般说来，教育是人类通过自己读书和老师的培养逐步发展心智的一个过程。然而，由于没有机会或是错失了这个机会，一些人从未接受过教育。这时仍有一线希望，那就是通过“自我完善”来获得教育。我们身边有许多机会可以去完善自我，也有着大量有助于完善自我的资源。现在，我们能找到多种多样有利的资源，比如质优价廉的书籍、免费的图书馆、夜校等。在这种情况下，任何因缺乏资源而不能完善自我的借口都没有丝毫说服力。

回首半个世纪乃至一个世纪之前，我们发现，有诸多困难摆在人类获取知识的路上。那时书少且价高，学习条件无法和现在相比。在每天的繁忙工作之余，人们还要投入学习，借着昏暗的烛光，他们克服身体上的疲倦全身心地投入到学习当中，其中的艰辛可想而知。但是，就是在这样艰苦的条件下，还有那么多的坚忍的人取得了杰出的成就，这不得不让人惊叹和佩服。一些成功人士有时会受病痛的折磨——眼疾、肢体残疾或其他的病痛，然而他们顽强地克服了这些困难。相比之下，我们有优越的学习环境，众多自我完善的机会，书籍等资源无处不在，但我们获取的知识却少之又少，我们难道不该为此感到耻辱并好好反省吗？

完善自我意味着必须具备这样一种感知：渴望改进自己。如果你有这样的渴望，那么只要战胜了自己，战胜那个玩物丧志的自己，最终就会获得成功。我们应该避免做一些无聊的事情，诸如看闲书、打扑克、玩台球、讲故事、漫无目的地闲逛等，好好去利用这些宝贵的时间。对于那些努力进行自我完善的人来说，“在他们的道路上有一头狮子”，这头狮子就是自我放任，他们要想取得进步就必须战胜这个敌人。

我无须知道一个年轻人整天所做的事情，只要知道他晚上都做些什么，我就能够预测他未来一生的状况。他若重视娱乐消遣，那么他未来一生中物质化程度就越高。反过来，他若把玩乐消遣视作自我放任，认为它没有任何意义，只是消磨时间，那么他未来的一生将会取得成就。

人们年轻时在休闲时间做的事情，往往为以后的人生定下了基调。它让人知道他们的内心是否已经死亡，或者他们是否把人生只是看成消遣娱乐的旅程。

很多年轻人也许尚不知道玩物丧志的危害，当你把整个晚上或休假的时间任意地挥霍掉的同时，它并不利于你品格的塑造，相反你的品格在逐渐堕落。

年轻人经常会发现他们在不经意间就被竞争对手超越，但是如果他们能够好好审视自己，就会发现他们曾一度停止过努力，许多宝贵时间都被自己浪费了，他们没有进行广泛的阅读以充实自身的知识体系，这样当别人在进步的时候，自己却在走向堕落。

正确的做法是用休闲时间进行阅读和学习，这也正体现了你高贵的品性。历史上有许多利用休闲时间来进行学习的著名事例。成功人士们不想浪费休闲时间进行玩乐，而是利用一切可利用的时间来学习，即使牺牲一些睡眠和进餐时间。

伊莱休·伯里特曾经的学习环境极度艰苦，但是他却取得了巨大的成功，成为美国著名的慈善家、语言学家和社会活动家。今天的年轻人如果在那种环境下，能成大器者恐怕寥寥无几。伊莱休·伯里特 16 岁时在一个铁匠铺当学徒，工作一个白天，甚至有时还需要加夜班。但是，在这样艰苦的环境下，他仍利用一切空闲时间阅读以充实自己。他随时放一本书在口袋里，一有空闲就拿出来看，晚上、休息天，甚至吃饭时他也在看，他利用了任何可利用的时间来学习，而这些时间对大部分人来说都常常是不加利用随意流逝的。每天早上，当那些家庭富裕的孩子或者贪玩儿的孩子还在床上伸懒腰、打哈欠、刚将眼睛睁开的时候，年轻的伯里特早已起床看书学习了。

由于热切地渴望学习知识和完善自我，他战胜了前进道路上的一切障碍。一位富有的绅士曾想资助伯里特去哈佛读书，但他没答应。他认为自己能够自食其力得到教育，即便每天需要花上 12～14 个小时在铁匠铺里工作。他有着坚强的毅力和坚定的信念。他抓住工作间隙中的点滴空暇时间，珍惜它们，充分地利用它们。他与格拉德斯通一样，都相信现在节约时间，日后会有巨大收获，现在若是浪费时间，自己就会退步。伯里特在铁匠铺上班之余，凭借自己挤出来的点滴零碎时间学习，一年中就学会了7门外语。在那样艰苦的环境下取得如此惊人的成绩，让我们不敢想象。

因此我们应该知道，我们没能取得成功，并不是由于我们能力欠缺，而是我们缺乏勤奋。有无数事例可以说明这一点。职员的脑子要比他们雇主的脑子更聪明，能力也更强。但是这些聪明的职员们却不去努力提升自己的各项才能，他们的头脑满是享乐主义，把时间和金钱都花在玩乐消遣上了。随着年龄的增长，他们就越发意识到自己这一生只能靠给别人打工为生，继而开始抱怨自己没有好运气、没有机遇。

1. 利用现有资源提高自己

许多一生只是小职员的人常常受雇于这样的雇主：他们年轻时认为学写一手好字或懂得职业发展所必需的基础学科价值不大。这种无知，对于许多在工厂、商场或者办公室上班的年轻男女来说，也是相当普遍的。事实上，今天的教育环境很好，机会也很多，那些年轻人本应让自己得到良好的教育，但他们却没有，这是多么令人遗憾的事啊！现今，我们到处可以看到年轻的男女们职位极低，很大程度上，那是因为他们对教育没有足够的重视，在学习时没有集中精力，结果便是他们不得不一生都只做一个小职员。

很多人在年轻时经常不重视学习，认为没有必要花精力去学习，等到老了才发现自己的人生如此不成功。

有许多天资不错的女孩，她们在平凡的岗位上度过了人生中最美好的青春年华。她们觉得自己不需要提升自身的才能，也没有必要去抓住那些可以使自己获得更好岗位的机会，从而导致她们人生的失败。之所以失败，是因为她们年轻时没有意识到学习也是一项任务，相反，她们错误地认为学习没有任何价值。在学校里，她们不去学习基础知识、学习精确地记账、寻找自己适合的事并努力使之发展为将来的职业，因为她们觉得去做这么多事远远比不上找个好丈夫，而从没想过要自食其力。然而，真正靠婚姻取得幸福的人只是极少数，生活中的许多例子都足以说明婚姻并不是以后生活的保障所。

许多年轻人身上也有类似的缺点。他们不舍得在发展自己的才能方面倾注精力，而只希望能够每天工作几小时，干点轻松的活儿，报酬还比较丰厚。在一生中，他们考虑最多的是怎样享乐，而不是如何锻炼自己，使自己有所进步。

许多职员都羡慕自己的雇主，也想自己当老板，雇用他人，但是一旦他们知道要改变现状就必须付出极大的努力时，便退缩了。他们喜欢过一种轻松自在的生活，喜欢能够闲庭信步。但是我们要知道，要想获得更好的职位，领取更丰厚的薪水，就需要不断努力拼搏进取。

有个问题普遍存在，那就是很多人不愿意通过牺牲现在去换取将来的所得。他们不愿意花时间来完善自我，而更乐于享受现在的生活。他们也渴望创造一番事业，但这个渴望并不足够强烈，若是要去实现它，就得牺牲一些当前的时光。他们虽然希望有所成就，但这个希望不足以让他们甘愿付出一切代价换取，正如他们不愿意坚持不懈辛勤学习数年以给自己的人生打下一个良好基础一样。

大部分人的生活都是庸庸碌碌、无所作为的。他们本来有能力改善自己的生活，但却因缺少热情和决心而未能做到。众所周知，只有努力拼搏才能过上高贵的生活，但这些人宁愿轻轻松松地过着平凡的日子，也不愿去努力拼搏。

一个人如果想完善自我，并对此作出了安排，那么他就能找到可利用的机会，“如果没有机会，那就创造机会”，有人曾这样说，下面就有一个源自平常生活的例子。

有一个年轻的爱尔兰人，快 20 岁了还不会读书写字，因为他所处的地方放纵主义盛行，没有任何学习的机会。于是他离开自己的家乡，并通过学习黑板报掌握了一点阅读能力，后来他在军舰上当上了一个乘务员。他选择到船长室去工作，因为在那里他可以学到更多的知识。他随身携带一本小便笺簿在衣服口袋里，以便于随时随地记下自己听到的新词。有一天，长官看到他正在记录，便怀疑他是一名间谍。最后，当这名长官和其他长官知道了整件事的来龙去脉以后，就设法给这个年轻人更多的学习机会，而这些机会促使他能够很快得到晋升，最终在海军部队里位居高职。只要你能像这位海军官员一样，在通向成功的道路上做好一切准备，你肯定也会取得成功。

2. 能否成功取决于年轻时候

世界上所有伟大的事情都要靠自己的努力。许多年轻人都有着远大的目标，但是由于自己资历不够，就固步不前甚至退缩了。他们开始守株待兔，等待上苍的援助。一分耕耘，一分收获，而这一切都只能依靠自己。要想成功就必须靠长期不懈地艰苦奋斗，而贪恋于奋斗途中各种诱惑的人，往往会半途而废。

正如上面我们所讲述的故事一样，大多数人没有抓住那些可以完善自我的机会，而那些天资聪颖的人们却能够发现和把握这些机会，因此尽管他们身处逆境，也能够比常人取得更加杰出的成就。

我认识一位我所在州的立法机构官员，他才能卓越，名声显赫，为人豪爽热情，极富同情心。但是他有一个缺陷，就是英语发音不标准，听他说话令人觉得很痛苦。

在华盛顿，还有许多这样类似的例子，一个人由于他天资聪慧与品行端正被选举担任重要职务，但是他依然懊恼年轻时浪费时间的行为。

一个人若想成为人中豪杰，就必须掌握独特的才能。但是如果他在年轻的时候没有受过良好的才智教育，他一生也只能做个小职员，这对任何人来说都是一件最为耻辱的事情。要知道，一个人若是有80%~90%的成功可能性，却因为他未曾接受过良好的教育或训练，导致他成功的可能性大大降低，甚至还不到25%。这是一件非常令人遗憾的事情。

换句话说，如果你以前从未受过教育和训练，那是一件令人苦恼的事情，这时你必须依靠自己的力量，努力完善自我，从而提高自己的才能。

一个人本来能够获得巨大的成功，但是当机会降临时，由于他没有做好充分准备，结果只能眼睁睁地看着机会溜走，最终无法成功。除了犯罪之外，恐怕这是世界上最让人伤心、遗憾的事了。

这里有一个例子，让我们觉得非常可惜。有这样一个人，他是个天生的博物学家，有着远大的志向。他在自然科学方面很有天分，他所掌握的自然历史知识极其丰富。当他意识到这一点，想尝试表达自己独特的见解和发现时，却碰到了困难。

由于没有特别重视教育，年轻时没能把精力倾注在学习上，他早期学到的词非常少，以至于还不能够写出一个语法正确的句子，更别说充分且清楚地记录自己的观点，使之成为著作留存下来。由于缺乏语言知识，让他用语句来表达自己观点成为一件特别困难的事情，这些都是他年轻时忽视教育的重要性造成的结果。

想想这位杰出人物所承受的痛苦吧，尽管他知道很多自然科学方面的知识，但却不能够用正确的句子表述出来，这多么令人遗憾。

速记员在工作的时候常常会遇到一些他们不熟悉的字、词或短语，为此他们非常烦恼。而这主要是由于他们平常储备的词汇量非常有限。要做一个出色的速记员，仅仅掌握常用的词句是不够的，还必须知道那些不常用的冷僻字词，同时还要建立一个庞大的知识体系，以防出现意外情况。速记员如果常常出现语法错误，或者总被一些生词所牵绊，他们的雇主就会发现其文字功底之差，词汇量积累之少，所受的教育之有限，然后将其解雇或降职。

有一位年轻的女士写信诉说道，因为她以前未曾接受过良好教育，现在做事经常遇到困难。因为她的语句经常出现语法及拼写错误，她甚至不敢给那些知识渊博的人写信。从她的信中可以看出，她的天资不错，但由于教育的缺乏，她经常身处困境。这完全是由于年轻时的掉以轻心而导致了如今的苦恼，这是极其不幸的事情。

经常有很多人给我来信，在读完之后我都为他们感到相当难过。尤其是在读那些年轻人给我的来信时，我可以看出他们都天资聪颖，思维敏捷，但缺乏教育极大地限制了他们能力的发展。从众多来信中，我可以看出他们如同一颗颗未经打磨的钻石，虽然只有一面露出地面，但也足够让光线进入其中，从而显露出他们的潜能。

我经常为这些人感到惋惜，他们虚度了那段在学校学习的美好时光，浪费了他们天生的聪明才智，因而一生碌碌无为。随着年龄的增长，如果他们能够觉悟并开始努力学习，还不算太晚，也有取得成就的可能性。

对于年轻人来说，浪费现有的机会令人深感遗憾。还有另外一个例子，某人具有领导人应拥有的良好资源，但是由于他缺乏教育和其他方面的准备，结果没有成为领导人。而其他人，虽然在天资方面远不如他，但经过勤奋学习和充分准备，接受了更多更好的教育，最终成功地当上了领导人。

我们随处可见，像职员、技工、主管等这类岗位的安排并不是由一个人的天资来决定的。有些人天资聪颖，但缺乏教育，因而也只能处在很低的职位上。他们或无知，不能够撰写一封出色的信函，或没有学好语言，不能很好地与人交流，总之他们没能展现出自己的潜能，因而只能表现平庸。

## 塑造自我，投资仪表

好的外表包括身体干净和服装整洁这两个方面，通常这两部分是不能分开的。 如果一个人服装整洁，说明他很注重个人卫生；反之，如果此人十分邋遢，则表明他不注重外表，这比穿着的好坏更能说明问题。

我们最开始都是通过身体的某些部位来表达自己的情感，身体的外在情况被看作是我们内心的写照。 如果一个人纯粹是因为疏忽大意而使得自己的外表不招人喜欢的话，那么我们可以说，他的思想也是同样糟糕。 通常来讲只有一个结论，那种理想中的要求严格的工作以及清爽舒适的生活环境与低标准的个人清洁卫生是不相符的。 一个常常忘记洗澡的年轻男子也通常不会去整理自己的思绪，他在各方面的表现也会随之越来越差；一个不修边幅、粗心大意的年轻女性很快就令人反感，她会慢慢地消沉下去，直到蜕变成一个不整洁的女子。

好的、健康的、清爽的外形与优秀的、健全的、纯洁的人格关系极其密切。 一个人倘若疏忽其中任一方面的话，那么另一方面也不复存在。

在实现“清洁法则”时，审美和道德方面的考虑虽不能少，然而个人的利己思想也非常重要。我们每天都能看见一些人由于没有“做好自己”而遭领导批评。我知道几个能力很强的速记员的例子，他们因为没有保持手指的干净而被开除。我所认识的一个诚实而且聪明的人丢掉了在一家大型出版公司的工作，因为他没有刮胡子和刷干净牙齿。不久前，一位女士提到，她到一家百货公司去买一些装饰用的彩带，可是当她看到销售小姐的手时，马上就改变了自己的主意，决定到其他地方去买。她说：“这么精美的彩带决不能让那肮脏的手触碰，否则，它们肯定会失去鲜艳的颜色。”当然，不会过太久，那个女孩的雇主就会发现她业绩平平，接下来，她就会被公司无情地开除。

勤洗澡是保持良好形象的首要事情。每天洗澡能确保皮肤的清洁干净，只有这样才能使身体健康。重要性仅次于洗澡的是对头发、手和牙齿适当地护理。这不会浪费很长时间，使用一下香皂和水即可。修剪指甲的工具非常便宜，似乎没有人买不起一套这样的工具。如果真的买不起整套工具，你只需购买其中一只以保持手指甲的光滑和清洁即可。

保持牙齿的整洁很简单。但是与其他方面相比，更多的人会在这项特别的清洁工作上出现问题。我认识一些年轻的男士，甚至也有不少年轻的女士，他们衣着靓丽，并自豪于个人的外在形象，然而，他们往往忽视了牙齿保洁方面的细节。他们没有意识到，在个人外表的污点之中，最糟糕的是不干净的牙齿、龋齿或前面的牙齿掉了一两颗；最令人难以忍受的是满嘴恶臭，任何忽视了对牙齿保洁细节的人的下场都不会很好。没有雇主希望招来的书记员或速记员有着前面牙齿少了一两颗的不佳形象，很多求职者在找工作时遭到拒绝就是因为没有好的牙齿。

对于那些免不了会在社会上抛头露面的人来说，关于他们着装最好的建议可用下面一句话概括："穿好看的衣服，但避免太过华丽。"服装最吸引人的地方就在于它的简约。此外，如今有多种不同品位而且价格低廉的服装可供挑选，大多数人都能买到适合自己的衣服。如果的确因为一些客观的原因使你不能拥有一套较好的服装，你也没有必要因为衣着寒酸而感到羞耻。那些穿在你身上的衣服是用你自己的钱买来的，与那些穿着依靠别人的钱买的新衣服的人相比，你理应受到自己和别人更多的尊重。衣服破旧不会使你遭受世人的不满，但倘若是由于你衣着很不整洁那就无法推卸责任了。只要你是根据自己的经济状况来穿着打扮的，不管显得多么寒酸，你都是着装得体恰当的。任何时候都要注意竭尽全力搞好自己的形象，保持非常整洁清爽的外表，不惜代价维护自己的尊严，如此，即使你处于最糟糕的情况下，依然能保持一定风度，而且浑身散发着高贵的气质、无穷的力量和较强的吸引力，这些都会让你赢得他人的尊敬和钦佩。

在很短的时间内赫伯特·H. 弗里兰德就从长岛铁路公司一个铁路段的负责人升到了纽约全部路面铁路负责人的职位。他曾在一次《如何获得成功》的演讲中说道："服装无法改变一个人，但是好的着装让很多人得到了理想的工作。假如现在你想找一份工作，自己只有25美元，建议你花20美元买一套服装，花4美元买一双鞋，剩下的钱呢，刮干净胡子，理理发，并把衣领也弄整洁，然后你就可以去找工作了。这样取得的效果远远大于把钱放在口袋里。”

绝大多数的大公司都规定不聘用那些看起来蓬头垢面、十分邋遢或者不修边幅的求职者。芝加哥最大的零售商店的一位负责招聘的职员说：“虽然我们对每一份求职申请进行审核的程序都非常严格，但实际上求职者最终能否被录用，最关键的一点还是其个性特征。”

无论一个求职者多么有才华和能力，他都必须特别注意自己的外在形象。有些注重形象但能力有限的人可能会求职成功，反而有时候一些才华横溢但却不修边幅的人也有可能遭到拒绝。尽管那些依靠良好的形象而获得一份工作的求职者与那些被拒绝的人相比往往有些肤浅，但是既然他们好不容易才得到这样的机会，他们就会努力将工作做好，即使他们的能力还不及那些被拒绝的人的一半。

招聘录用的这些规则在英国也同样适用，这从伦敦服装商记录中就可以得到印证。那里面提到：“那些非常注重个人形象和服装整洁的人，对工作也表现出格外的细致。那些个人生活习惯非常糟糕的工人生产出来的产品也是很不好的，而那些很关注个人形象的工人则相应地很在意他们产品的外观。在柜台后面发生的情况与车间里的状况是一样的。漂亮的售货员小姐往往特别讲究穿衣打扮，她们肯定不会穿脏领口、破袖口的衣服或戴已褪色的领带，难道这不是事实吗？显而易见，对个人生活习惯和外表非常关注往往能够说明这个人细致用心，也表明其对各种不修边幅行为的憎恶。”

所有那些想通过自己的努力创造美好生活、赢得自尊的青年人都会注意因着装太随便而导致的后果，因为“一个人的着装可以反应他的性格”。由于衣着整洁会使人更加优雅和清爽，而破乱肮脏的衣服则会令人感到羞愧和自卑，仿佛没有了尊严。我们的着装毋庸置疑会影响我们的心情和自尊，任何人都可以感觉到哪些是因为穿着合身的新衣所带来的效果，哪些不是。穿着不合适、肮脏的外套特别不利于人的思想和言行。伊丽莎白·斯图亚特·费尔普斯说：“注重穿着整洁的意识孕育了道德，仅次于纯净的心灵。熨烫得很好的衣领和崭新的手套已经帮助许多人脱离险境，渡过难关，要是其中出现一些褶皱或撕裂的瑕疵，也许他们都不会成功。”

注意细节是非常重要的，这是衣着得体的人士真正应该做到的，其重要性可以从一位年轻女性没如愿找到理想工作的故事中得到说明。有一位非常有钱且善良的夫人——我们这一代中有很多这样的人，她创办了一所工业学校，让一些女孩子有机会接受良好的英语教育，并学会自力更生。她需要招一位老师兼监管人员，这时，机构的托管人向她力荐一位年轻的女士，她觉得自己非常的幸运，因为大家都会夸赞此人的能力、学识以及行为举止等各方面，并且都觉得她十分合适这个岗位。后来这位女士接到通知，要她马上去见该校的创办者。显然，这个女士具备了所有的素质和条件。可是，在没说任何原因的情况下，夫人坚决不给该女士一个工作的机会。过了很久以后，夫人的一个朋友问她为何不聘用这个才能卓著的教师，要求她给出一个合理的解释。她回答说：“她的失误只因为一件小事。可是在古埃及象形文字中，一件小事包含了很多意思。这位女士来见我时衣着非常的时尚靓丽，但是她的手套却非常的肮脏破烂，并且鞋子上一半的扣子都没有扣好。一个不注重细节的女性绝不适宜做任何女孩的教导者。”可能这个求职者永远也不会知道她为什么最终没能获得这个工作。毋庸置疑，她在各方面都很得体，除了没有注意着装时的细节这个看似不重要的问题。

## 依靠自我，推倒成功的最大障碍

每一个正常的人都可以做到独立自主，可是很少有人会注重培养自己这方面的能力。要想依靠别人，仿效别人或是让别人帮你来思考、制订计划和完成工作，这些是非常容易办到的事，可是对你自己却没多大好处。

典型的美国人最大的毛病之一就是，假如他在某方面缺乏领导才能，他通常会觉得没必要好好去挖掘一下自己这方面的才干。

摒弃这种想法，因为你不是一个天生的领导者，你生来就要依靠他人。你不具有领导才干不能成为你拒绝培养这方面能力的借口。只有把我们的能力放到实践中去检验后我们才会了解自己有多大的力量。有很多人已经证明了他们自己是伟大的领导者，他们看上去并不是天才，起初他们只是表现出了独立自主的迹象。

领导者不会仿效他人，他们的想法与众不同。他们不断思索、不断创新、不断地制订计划并付诸实践。

真理往往掌握在少数人的手中，绝大部分人不过是些平凡民众，他们组成了一个庞大的群体。真正能从众人中脱颖而出的人非常之少，但是他们能自食其力。

你所见的人们几乎都在依赖某物或某人。有的依赖金钱，有的依赖他们的朋友，有的依靠他们的外表，有的依赖他们的家庭。可是我们很少能看到某个人完全依靠他自己，自食其力，依靠自己的力量去解决生活中的问题。

到后来，我们绝不会原谅那些提供给我们依靠的人，因为我们知道那样剥夺了我们与生俱来的权利。

当一个小孩子看到父亲向他展示怎样去做好某事的时候，他是不会满足的，但当他亲身操作做好这件事情的时候，他是那样高兴和满足。这种获得成功的全新感觉会加倍增强他的自信心和自尊。

亨利·沃德·比切尔过去常用下面的一个故事展示他年幼时是如何学会独立的：

> 一次上课我被叫到黑板前面，我犹豫不决地走上讲台，嘴里还嘀嘀咕咕。
>
> “你必须学会本课内容。”我的老师以一种平静的语调对我说道，但厉声厉气，他所有的说教让我觉得都是对我极端的轻蔑。“我只要你知道问题所在，我不需要一切有关你为何没有搞清这个问题的理由。”
>
> “我的确学了两个小时。”
>
> “那对我来讲毫无意义，我只要你弄懂这篇课文内容。你或许可以不花时间学习，又或许会花10个小时，都无所

谓。我只要求你弄懂课文。”

要达到老师的要求对一个比较青涩的男孩来说是有点困难的，可是这确实锻炼了我。不到一个月的时间，我强烈感到需要具有独立思考的能力和勇气以便准确无误地回答老师的问题。

一天，当我回答老师提的问题时，他用冷淡而又平静的声音打断了我：“不对！”

于是我迟疑了一会儿，然后又重新开始。当我再次说到刚才那个地方时，他又打断了我，用一种坚定的口吻说：“不对，下一个。”我不解地坐下，满脸通红。

另一位同学起初也被打断了，但接着又继续了下去，直到回答完毕。当他坐下的时候老师表扬了他一句：“回答得很好。”

我嘀咕着：“为什么我回答的内容跟你一样你却要说‘不对’，为何你不能说‘正确’，并让我顺利进行下去?”

仅仅学习课堂上的东西是远远不够的，你必须清楚地认识到这一点。直到你对学到的东西坚信不疑时才能说你真正理解它了。如果所有的人都说“不对”，你却要说“对的”，那么就证明给他们看。

老师在给小学生上课时提供的最大帮助就是教育他们学会独立思考，相信自己有能力去解决问题。如果年轻人没有培养自强自立的能力，那么他以后将不会成功。

1. 依赖是成功最大的障碍

人们都曾有一个最大的误解，即是觉得通过别人源源不断的帮助，就可以使自己一直受益。

有雄心壮志的人，其目标就是要掌握权力，而一味地效仿或依赖他人却只会导致懦弱。实力是靠自己的努力得来的，靠整天坐在体育馆里看别人锻炼绝不可能增强自己肌肉的力量。养成依赖他人的习惯极大削弱了一个人独立生活的能力，一旦你依赖于他人，你将永远不会变得强大。学会自立，否则你永远别想出人头地。

有的人尽可能地为他的孩子们营造良好的环境，希望他们不用像自己一样艰苦地奋斗。然而他却没有意识到这实际上非常不利于孩子的发展。他所谓的给他们提供的好条件反而有可能阻碍他们的进步，因为年轻人所需要的是主动性和干劲。他们生来就有依赖他人、模仿他人的特质，而且他们很容易就会养成这种坏的习惯。如果你给他们提供拐杖他们就不会独立行走，只要你帮助他们，他们就会依赖你。

使人的意志和韧劲得到锻炼的是自助行为而不是依赖他人，要自力更生而非事事求人。

爱默生曾说过：“不劳而获的人会丧失奋斗的决心。”

接受他人的资助会使你不自觉地认为自己可以坐享其成，因为有人已经为你做好了一切铺垫。这样的想法会让你萎靡不振，这对你的个人奋斗和自立的精神会造成致命的影响啊！

我所见过的最让人恶心的情景之一是一个身体无恙的青年男子，他有宽厚的肩膀、健壮的小腿，体重达到 75 千克，却双手插在裤兜里，立在那里伸手乞怜。

你是否意识到你所熟识的某些人正在等待某些幸运之事的降临。他们中有很多人也不确定他们在等待什么，但他们的确在固执地等待某件事情的降临。他们有一个不确定的想法：也许幸运之神会垂青他们，有一些很幸运的巧合会发生，或是某种为他们打开幸运之门的事将会发生或者他们将会得到某人的帮助。因此，他们不必受到很好的教育，不必做过多的准备或是拥有足够的资本，从而使他们在起步时就比别人具有某种优势。

某些人在等待金钱从天而降，这笔财富可能来自其父亲，或一位很有钱的叔叔、其他某个远房亲戚。还有的人则在等待某种被称为“幸运”或“辅助”的神秘东西的到来会拉他们一把。

我从未见过这种人，他只懂得等待别人的援助，等别人把钱留给他，或是任何形式的资助，或期待幸运降临到他头上，而最后会获得真正的成功。

一般来说，那些视所有依靠和别人帮助于不见、断了自己所有退路而只能依靠自身奋斗的人最终能获得成功。自立可以打开成功的大门，自立是能力的代名词。

没有一种习惯会像总是期望得到别人的帮助那样对自信心的摧残如此之大，所有成就来源于自信。

一个大公司的高级领导最近说，他一直力图把自己的儿子送到另外一家公司去工作，让他在那里经受一些磨炼。他不希望自己的儿子以跟随他作为工作的开始，因为他担心他的儿子可能会依赖于他，指望着老爸的恩惠。

那些被惯坏的男孩子可以在任何时间进入家里的公司工作，只要他们愿意，他们可以随时出入公司，这帮人是很少能有所成就的。只有自信的人才能拥有更强的能力和自信心，只有自力更生、自食其力才能真正培养一个人取得成功的动力和做事的能力。

让一个男孩去依靠他父亲或是某人的恩惠会对他正常的成长具有极大的消极影响。一个人是很难能够在一个可以触碰到底的水池里学会游泳的。一个男孩在能淹没其头部的深水区学游泳将会学得更快，因为他被迫在游和被淹死之间做出选择。当他切断了自己所有的退路之后，就可以没有障碍地游到岸上。我们往往喜欢只要有机会就依靠他人，这是人类的本性；不到万不得已不把事情做完，这也是人类的本性。在我们的生活中往往是那些我们不得不做的事能最大限度地发掘我们的潜力。

一味依靠扶持的男孩子总是难以成功，而当他们完全自食其力、被迫去做一些事情或是让自己承担失败的后果时，他们一般都会在短期内使自己的才干大大提高。

一旦你放弃了寻求别人帮助而是努力变得自强不息，你就迈上了通往成功的大道。一旦你摒弃了外部所有对你的帮助，你就会使你的潜在能力提高。

2. 丢掉拐杖，自尊自强

在这个世界上你的自尊是最具价值的，如果你由原来的自己变成另一个坐享其成的人，你就无法维护自己的尊严。一旦你下定决心打算依靠自己的力量努力奋斗，你就会变得极其强大。外力的助推会被你视为一种恩赐，但实际上它却可能是不幸的祸根，它对人的破坏性很大。你最好的朋友未必就会资助你，真正的朋友会敦促你自己依靠自己、自己解救自己。

在你之前有很多人，他们只有一只胳膊或一条腿，却能很好地生活着；而你有着健康的体魄、强壮的身体，有能力工作，却不想依靠自己的力量。

一个依赖性很强的健康人无法感受到自己是一个真正有出息的人。当一个人拥有一份完全靠自己打拼的工作，他会感到格外充实、满足和有成就感，这是其他什么事都代替不了的。人的才能在强烈的责任感的驱使下会得到进一步的施展。很多年轻人在独立创业后才第一次真正认识到自己的才干，而多年为他人工作的经历都没让他认识到自己的能力。

为他人打工在很大程度上是会埋没一个人的能力的，这样做他会没有动力，没有雄心和激情。即使再任劳任怨，他也无法做到完美。不管他多么尽职尽责，他都无法做到像“上帝”所要求的那样。一个人最大的优点就是独立、有创造力。如果只是机械地为别人服务，将永远也无法达到其最高境界。

在平静的海面上驾驶一艘船对一个人技巧和经验的要求并不高。只有当船只在巨浪滔天、狂风暴雨怒吼的海水中破浪前行时，当船上所有的人都慌乱和无助时，才是真正考验船长控制轮船和驾驶技术的时候。

只有当人的头脑经受最大的考验，当一个年轻人用聪明才智去拯救危局时，他的优点才有可能得到最大限度的发挥。要用一笔很小的资金支撑一家大型企业成功地运作需要花上数十年的努力。正是通过不懈的努力来搞好门面，想尽办法地招徕顾客，才会真正让一个青年人的所有品质体现出来。正是在经济比较紧张、业务前景不容乐观和生活成本比较高的时候，真正的男人才会做出最大的成绩。只有奋斗才能让人有所进步，让个性得到发展。

对于一个有钱购买文凭证书或者花钱请私人教师来帮助自己突击应付考试的年轻人来说，怎么能让他通过自己的努力打造优秀品质呢？ 他会像某个知道自己身无分文，也不可能有富有、慷慨的亲戚朋友的男孩那样埋头苦读、挑灯夜战，利用节假日抽空学习，争分夺秒地来提升自己吗？

一个总是接受他人安排的男孩如何能学会自立和培养出独立自主的男子汉气概呢？ 只有不断地锻炼自己的能力才能使其变得强大，只有不懈的奋斗才能让人变得有韧劲。

只有当一个人意识到所有的外援都被切断，只有靠自己的努力来决定自己的命运时，他必须要在取得成就和忍受失败的耻辱中间作出选择。 唯有这样他才会使出浑身解数，付出最大的努力去拼搏奋斗。

在一个人被迫陷于孤立无援的境地时，恰恰能显示出一个人最优秀的品质，发挥他最大的努力，正如在发生了一起严重的意外事故或是突如其来的大灾难时，受害者会爆发出惊人的个人能量。 他不知从何而来的力量解救了他，他觉察到自己变得强大了，正在做着这场紧急事故到来之前对自己来讲是不可能办到的事情。 然而现在到了危急关头，他被关在因事故而起火的车子里，或者如果他不从损毁的船上逃跑就会落水而死。 他必须立即采取一些措施，这正如受伤的母亲看到她的孩子处于危难之中时会舍命相救一样，他立刻浑身充满了力量，并且这种前所未有的力量会帮助他脱离危险。

只有到了我们不得不经受考验，某种巨大的危机点燃了隐藏于我们灵魂深处的力量时，那些自身的潜质才能被我们真正认识到。 这种情况只会出现于一些紧急的关头，或是做到了一些不可能完成的事，因为我们不知道要达到一个怎样的程度才能拥有那种力量。

在生活中我们做到了一些不可能完成的事仅仅是因为我们不得不那样做。

自立所起的作用可以替代朋友、权势、资本、身世或帮助。和人类的其他品质相比，它能帮助人们跨越更多的障碍、攻克更多的难点、办好更多的企业和完成更多的发明创造。

只有自立的人才能走向成功。他在困难面前毫无畏惧，在挫折面前毫不退缩，他坚信自己生来就具有解决一切难题的能力。

很多人碌碌无为的重要原因就是他们害怕做错事，怕承担责任。他们无法形成独立的思想，不敢正面表达自己的观点。他们因害怕得罪别人而不敢坦率行事，他们总是谨慎地试探一下，看看你持的什么观点，或者在他们充分地表达自己的看法之前先看看你是否赞同他们的观点。于是，他们的立场会因你的立场稍加变换。

## 守护自我，走向成功和幸福

倘若让混乱、嫉妒、腐朽等成功和幸福的敌人进入头脑中，偷走心灵的安慰，夺走精神上的宁静，那么，人们的生活就会了无生趣。与其如此，还不如让小偷进入你家，将钱财和物品洗劫一空，后者比前者要好上一千倍。

无论如何，你都坚决不能让那些病态的、杂乱的、腐朽的思想进入你的头脑中。清晰的头脑和纯净的思想是获得任何成功的必要前提。要让自己的精神圣地远离不良的思想，保持纯洁和自由。

一旦你的脑海中产生了杂乱的想法、病态的情绪，情况就会恶化，你的头脑会变得更加混乱。一旦这样的念头在你心中产生，它就会成千倍地蔓延开来，后果将十分可怕。因此，一定要与杂念、错误或病态的心理脱离一切关系。它们会腐蚀自己接触到的任何事物，带来毁灭性的后果，它们会剥夺一个人的希望、幸福和能力。把所有那些黑暗的景象和阴暗的图画全都从大脑中驱逐出去，它们只会意味着道德的败坏、失败、对雄心壮志的摧残以及希望的破灭。

我们的思想要时刻警惕那些阻碍我们获得成功和幸福的敌人的入侵。除了那些进驻我们思想的敌人之外，真正意义上的敌人是不存在的，这些敌人来自我们的激情、偏见和自私。

我们是如此豁达大度，我们必须做正确的事情，走正确的道路，我们必须保持思想的纯洁和真实，不要自私自利，而应该宽宏大度、富有爱心。否则，我们将无法获得真正的身心健康、成功和快乐，只有身心融合才是最健康的状态。

如果我们从小就学会时刻保持警惕，不要让任何有毒的思想进入我们的头脑，而要牢记积极进取、勇往直前的观念，因为这些观念能带给我们振作和希望，这样我们就可以少走弯路，提高效率。我所了解的是一阵子难过的心情及几个小时的压抑、郁闷比努力工作几个星期对人的消耗还要多。

我们有时会见识到精神力量的强大。常见的情形是巨大的悲伤、失望或一次短期内巨大的经济损失会使一个人的外观发生非常大的变化，甚至朋友都不认识他了。精神上的痛苦熬白了人的头发，而它还像魔鬼一样笑得脸上都是皱纹。

嫉妒心给一个人在短期内造成的损害是极可怕的，它会破坏一个人的消化系统，使其逐渐丧失活力、产生错误的判断，它会毁灭一个人的生活。

当狂怒侵蚀我们的精神世界后，我们会遗憾地发现它给我们的希望、幸福和雄心壮志带来了毁灭性的打击。

如果人们从小就学会这种思考艺术的话，那么当他们长大成人之后就会十分轻松地避免这种情况的发生。他们给自己的精神世界带来的是美丽、平和和宁静，而不是由有害的思想所制造的破坏。

现实生活中我们知道烫的东西会把我们灼伤，锋利的工具会把我们弄伤，受伤会让我们很难受，进而，我们就会竭力避免被这些物品伤害，并尽情享受那些给我们带来快慰的事情。为什么我们在现实生活中很容易就能学会趋利避害呢？而在人的精神世界里，我们为什么总是不断地受到那些破坏性思想的侵害呢？我们受到这些不良情绪的影响和错误思想的毒害是如此之深，但我们却想不到要去排除给我们造成这些痛苦的因素。

倘使你的心态一直很好，让慷慨、宽容和慈善的心，让仁爱、真实、健康与和谐的思想永驻心间的话，那些杂乱和龌龊的思想就会随之烟消云散。这两种截然相反的思想是不可能同时存在于头脑中的。正确思想会驱散错误的思想，和谐会取代杂乱，而美好的事物则会代替邪恶。

这些多样的思想所带来的不同影响是我们大多数人都无法理解的。我们都知道一种振奋人心、乐观的、值得鼓励的思想是如何给人带来一阵兴奋和一种幸福感并且令人重振精神的。我们可以感到这种感觉从身体跑到了指尖，这种快乐的感觉以闪电般的速度快速地弥漫到我们全身，一种新的希望和一段新的生活也随之而来。

那些能保持自己思想正确的人懂得把绝望的事情看成有希望的事情，用勇气来替代胆怯，用坚强的内心来掩盖犹豫、怀疑和迟疑。那些通过用一些友好的思想，乐观的、勇敢的和充满希望的态度来武装自己头脑的人能抵抗敌人在成功道路上对他们的侵犯。这种人相对于那些精神上的受害者来说具有非常大的优势。他所能取得的成就比那些虽然无法控制他们情绪但更有才华的人要大得多。

生命是否有价值往往取决于我们保持自身和谐的程度和我们使自己的思想不受敌对的思想通过一些破坏性的书刊来消磨我们的主观能动性和创造力的程度。

你不能太过自信，断言自己是真理、美丽和爱的化身，要尽可能地努力让这些品质在自己身上体现出来，与此同时让内心的各种恶念处于被压制的状态。要对自己说："每一次仇恨、凶恶或者自私报复等思想的侵袭，都会使自己受到不良影响，对自己平静的心态、幸福的生活、高效的作风带来致命的打击。这些敌对的抵触思想会使我们前进的步伐放慢，我们必须通过抑制它们而迅速地摧毁它们。"

不管它是恐惧，是忧虑，是担心，是嫉妒，还是自私，这些都不重要，重要的是我们能否驱除这一某种意义上来说是我们致命的死敌的东西。

焦虑、担心、嫉妒、坏脾气都意味着你的头脑中有病态的思想，或者是慢性的，或者是急性的；任何一种不和谐或者不快乐的迹象都能有力地说明：问题的确出现在你身上了。我们总有一天会意识到，正是这种埋怨或者仇恨的思想，这种自私的阴影和焦虑的心理影响了我们本已脆弱的神经。即使是暂时地被一些小的对抗性的思想所攻击，它在我们生命中留下的阴影也是抹不掉的。

当一些令人担忧、焦虑、生气、仇恨和嫉妒的事情混杂在一块儿时，你会发现这些事情会以惊人的速度消耗你的精力和活力。造成的这些损害不仅对你没有好处，还会破坏你精密运转的大脑系统，导致你提前老去甚至过早而亡。担忧、恐惧和自私的心理给我们自身造成了非常大的损害，它们腐化了我们的身心，破坏了我们机体的协调和平衡，并使我们做事的效率降低。然而，与之相反的心理则会带来截然相反的结果。它们能让人的精神压力得到缓解，而不是让人感到烦躁不安；提高了人的工作效率；增强了大脑的活动能力。强烈愤怒给人体各组织、器官造成的伤害是难以想象的，以至于要恢复受伤的机体可能要花上很长的时间，甚至再也不能恢复过来了。恐惧或一次大的惊吓已经好多次让人的头发永久地白了，并且在人的脸上也永久地刻下了岁月的记号。

但是，一旦我们意识到这些情感影响了人们的身体状况和精神状态时，意识到它们给人的精神世界产生了极为消极的影响时，意识到它们带来的恶果就是使人遭受苦痛和折磨，使人的身体因受到伤害而变得难看和畸形时，我们应该学会避免让这些情况出现，就像避免身体的疾病一样。任何人都不愿意面临苦难，人们反而应该使自己高兴、永远快乐、幸福安康。我们人类的前程正是被那种不良的思维习惯葬送的。

那些事情我们看来之所以是杂乱、矛盾的，只是因为它们缺少某种自然的和谐，正如黑暗本身并不是作为一个实体存在而是因为缺少光明一样，和谐是随着矛盾的消失而出现的。

我们内心最崇高的思想和情感是可以被对他人的爱心、善心、仁慈和宽容激发出来的。它们让人保持旺盛的活力和高昂的情绪；它们对身体的健康、和谐有利；它们让一切都顺其自然。

只要我们的思想能保持统一、完整，并让其免遭敌对、邪恶思想的侵害，我们就能解决科学上生存的难题。和谐的音符是一个训练有素的头脑在任何条件下都可以提供的。

每个人都在构建自己的世界和自己需要的环境。他可能会使其充满了困难、恐惧、疑惑、绝望和阴暗，那么他的生活将会充斥着阴影和灾难；当然他也可以通过驱除头脑中那些阴暗的、恶毒的、嫉妒的想法来打造一种甜蜜、透彻和清新的氛围。

当道德感充满你的头脑，不和谐的因素便会消失。当你保持一种积极创新的态度，那些负面的因素——阴暗和杂乱的思想——就会逃之夭夭。阳光之下不允许黑暗存活，繁杂也无法与和谐共存。如果你的思想始终保持和谐统一，那些不和谐的因素就不会进入你的脑海中；如果你坚持真理，谬误会再也没有踪影。

《思考的人》的作者詹姆斯·E. 艾伦在书中说道：

> 在一个人想取得任何成就，即使是世俗的成就之前，他必须把兽性的、奴性的成分从自己的思想中清除出去。为了成功，他不得不牺牲人性中的一部分东西。如果一个人的思想充斥着兽性，那么他既不能有条理地工作也不能清晰地思考。他无法发现和发展他潜在的资质，他会在任何事情上失败。他无法控制自己的思想，也就不能控制任何局面，或是承担严肃的责任，无法独立地去行动。事实上他只是用自己选择的思想把自己束缚了。
>
> 进步和成就是用牺牲换来的。衡量一个人所获得的世俗成功的标准，应包括他所抛弃的混乱的动物性思想，他将专注于他的计划，增强他的决断力和独立性。他的思想越是高尚，他也就会更正直、更坚定，他的成功也会更巨大，因而

他的成就也会随之长久。

世界厌恶贪婪者、虚伪者、恶毒者，虽然从表面上有时不是这样的；世界钟情于诚实者、宽宏大量者、高尚者——各个时代所有伟大的导师们都用这种方式证明了这一点。一个人必须坚持正确的思想才能证明这一点，从而使自己越来越高尚。

一个人的成就，无论其形式如何，都是因其拥有无误的思想。通过自我控制、果断、纯洁、正直和积极的思考，一个人可以得到升华；相反，兽性、懒惰、肮脏腐化和混乱的思想则会让一个人最终堕落。

一个人可能在世界上取得巨大的成功，甚至在精神领域获得极高的成就，但是如果他放松自己，允许他的头脑被傲慢、自私和腐化的思想占据，那他会再一次退回到软弱、悲惨的境况中去。

# 投资自己的方式

▲ 投资在阅读方面

▲ 投资在自己的仪表上

▲ 投资在健康方面

▲ 投资在展现自我上